U0937886

公开讲话

一场没有惩罚的人际冒险

管 玲 | 著

清華大學出版社
北 京

图书在版编目（CIP）数据

公开讲话：一场没有惩罚的人际冒险 / 管玲著. —北京：清华大学出版社，2022.1（2022.10重印）

ISBN 978-7-302-59248-8

Ⅰ.①公… Ⅱ.①管… Ⅲ.①心理学－通俗读物 Ⅳ.①B84-49

中国版本图书馆CIP数据核字（2021）第191816号

责任编辑：宋丹青
封面设计：谢元明
责任校对：王荣静
责任印制：杨　艳

出版发行：清华大学出版社
网　　址：http://www.tup.com.cn，http://www.wqbook.com
地　　址：北京清华大学学研大厦A座　　邮　　编：100084
社 总 机：010-83470000　　邮　　购：010-62786544
投稿与读者服务：010-62776969，c-service@tup.tsinghua.edu.cn
质 量 反 馈：010-62772015，zhiliang@tup.tsinghua.edu.cn
印 装 者：三河市东方印刷有限公司
经　　销：全国新华书店
开　　本：140mm×190mm　　印　张：5.5　　字　数：79千字
版　　次：2022年1月第1版　　印　次：2022年10月第2次印刷
定　　价：39.80 元

产品编号：088523-01

很多人逃避公开讲话，主要原因是内心恐惧不安。

推 荐 序

说到公开讲话这个话题，我和管玲老师恰好相识于一场讲座。管老师自信而自然地向我介绍了她自己，流畅而精辟的语言给我留下很深的印象。我当时就想，社交沟通真的是一门艺术啊！

可能很多朋友是通过电视节目认识我的，我本人除了录制大量的节目之外，每年也会有上百场讲座。有时和几个人交流，有时和上千人分享，甚至在录制电视节目时，要面对数以万计的观众以及他们内心的期待，这时候，平稳的心态是必不可少的。

当一个人带着自己稚嫩的心态慢慢走出家庭，面对社会和这个世界，我想或多或少都会面临管老师在《公开讲话》这本书里所说的那些心态和问题。就像副标题所说，这是“一场没有惩罚的人际冒险”，这场“冒险”到底是使你溃不成军，还是让你在克服困难之后成长为一个更成熟的勇者，我想大家都需要好好读读管老师的这本书。

这本书重点写的是在社交与公开讲话中的心态问题。书中围绕着一些经典的心理学名词：比如“自恋”，比如“自体与客体”，因此严格来讲这是一本心理学著作。如果你意识到在你的社交与公开讲话中，你的困难来源于内心的情绪，那么看这本书是非常合适的。同时，管老师也介绍了一些人际关系以及公开讲话的技巧，我读过之后感觉非常受用，相信你也会这样。

这本书涵盖与社交及公开讲话相关的心理学知识、案例解析、催眠自我治疗方法以及技巧这几大部分内容，针对性强、实用性强，我个人认为其中最具特色的是催眠自我治疗方法。大家知道管玲老师是心理学博士，她深谙很多心理学专业内容，同时她还是一个从事催眠研究和实践十几年的资深催眠师，拥有自己的工作室，治疗了无数的案例病人，还

推荐序

经常往返于各大讲座和节目中。我读过管老师写的关于催眠的书籍，也亲身感受过催眠，这个流派的技术真是太神奇了。本书中管老师把有效治疗社交与公开讲话紧张的催眠方法总结了出来，我边读这些催眠词边去自我体验，我为舒适放松的效果而惊奇，也为管老师的智慧而感叹！管老师把这些催眠方法配合书中内容循序渐进地分配在各个部分，每一次自我催眠的时间都不会太长，可以让没接触过心理学和催眠术的人很快地学习并掌握，并且在边看边练习这种节奏中获得舒适感，可能这本书本身就是在催眠我吧！

如果你有社交和公开讲话的问题，或者你是一个带着一颗好奇心的心理学爱好者，不要等，快些读起来！

中国农业大学心理素质教育中心主任

多家电视台、多档节目特邀心理专家

施钢教授

2021 年 3 月

自　序

在开始阅读本书前，我们首先来看一个真实案例的自述：

我想要解决公开讲话困难这个问题，以为参加口才或演讲培训班可以获得帮助。有一次，在一个五十多人的口才培训班的第一堂课上，学员首先被要求轮流登台讲话，在摄像机和众多双眼睛的注视下，学员们有脸红脖子粗的，有双腿颤抖的，有浑身冒汗的，有张口结舌的，有胡言乱语的，有忘词儿的，有傻笑不语的，甚至有位女学员在中途实在受不了台下的目光，夺门而逃。这是我的亲身经历。但是，他们在课前还聚在一起叽叽喳喳说个不停，怎么一上台讲话就变成如此狼狈不堪呢？是什么原因让他们在台上台下判若两人呢？

随着课程的进行，大家渐渐地熟悉起来，气氛越来越融洽，起初那种尴尬场面变得越来越少了。几天的培训结束后，在结业典礼上大家争先恐后登台发表结业感言，一时间仿佛每个人都是滔滔不绝的大演说家。培训老师和学员在比较之前的录像后，都感慨培训前后的天壤之别，培训圆满结束。最后，大家互相道别，信心满满地踏上归途，回到那个自己并不陌生的生活和工作环境当中。

但是在随后不到半个月的时间里，部分学员互相沟通说，在新的场合自己又回到了原来的状态，再也找不到在培训班结业典礼上侃侃而谈的感觉了，在很多场合中又重现了培训班上第一堂课的尴尬一幕。

那么，这是怎么回事呢？难道培训班和培训老师是骗子吗？显然不是。

问题的关键是供需双方出现了偏差。

那些台上尴尬的学员其实源于不同程度的社交恐惧，而不是口才不好。他们找错了老师，或者说他们找错了方向。演讲或口才培训解决的是公开讲话的感染力以及语言表达对演讲内容的渲染力，关注的重点是如何通过语言逻辑、手势、适当的停顿、眼神的交流以及发音技巧等来增加演讲的魅力。而这些培训不解决的公开讲话的恐惧心理，正是本书要解决的问题。

随着近几十年国内外心理学的迅猛发展，心理学家对人类的行为心理做了大量有益的探索，取得了丰硕的研究成果。不仅在重大理论上有所突破，在应用方面也取得了普遍认可的实际效果。尤其随着催眠技术的引进和应用，社交恐惧的谜底逐渐被揭开。下面我们从四个方面来加以论证。

一、恐惧的本质

恐惧是情绪的一种。

恐惧是指人们面临某种危险情境，企图摆脱而又无能为力时所产生的一种担惊受怕的、强烈压抑的情绪。从另一个角度看来，恐惧是保护我们的一种能力，在心理学中叫作防御机制，让我们在面临危险的时候能警觉起来。

然而，当我们在公开场合讲话的时候，我们面临了真正的危险吗？当你拿起这本书，是否看到了我的题目：“公开讲话——一场没有惩罚的人际冒险”？这个题目就是说，很多人在人际交往，特别是公开场合会感觉到不安全，心里有冒险的体验，只是这份冒险的体验没有实质性惩罚而已。

这种心态的起源可以追溯到我们小时候，也许那时候你生长出了天然的语言表达能力，并且带着与生俱来的好奇心，开始慢慢向外伸展，试图与周围的一切建立联系。但如果你不断地遭受父母的批评、外界的嘲笑，或者总是被教育要控制言行，那么你就会变得越来越不自信，越来越在意外人的眼光，这就是不安全的由来。你内心总是战战兢兢，好像处于危险的境地。

越重要或越陌生的场合越会加剧你恐惧不安的心理，那是由于你的潜意识认为那是未知的、不熟悉的，这种未知让你充满了不安，就好像你曾经遭遇的突如其来的评判和嘲笑。因此也会出现前文中所说的，当你放松下来，了解对方并逐渐感觉安全的时候，会渐渐变得善于沟通，而再次遇到让你不安全的场合，则又被打回原形。

二、说话的本质

说话是什么？为什么我们要说话？那是出于交流的需要。

我们活在一个群体的世界，这个世界我们称之为社会。当我们出生后，接触到和我们一样的人，我们希望向他们表达我们心中的意思。于是作为小婴儿的我们，静静地观察、聆听，听到这些成人说出来的一些声音，观察到这些声音所代表的含义，我们也开始试着去说，运用我们的大脑去编写这些声音的代码来表达自己内心的意思，渐渐练就了和所处环境匹配的语言系统。

三、心理冲突

语言是自然发展出的由心理需要引发的结果，同时又深深地受心态影响。

心理学中有一个流派叫精神分析，就是通过来访者语言中的口误来察觉对方的潜意识。当你在公开讲话时，你心里想着“我好害怕，我要赶紧跑啊”或是“我说话绝对不行，他们肯定会笑话我”，持这种心态的你如何还能表现出稳定自信呢?

在这种心理冲突下，就会有各种各样奇怪的行为出现，简单地说是两种本能心态：战斗反应和逃跑反应。

1. 较劲（趋向于战斗反应）

“较劲”是你的理智拼命想要说服你的内心感受，而你的内心感受却不听从于你的理智，这时候你的理智就会尝试各种古怪而无效的方法，比如说拼命地琢磨每个字的读音或反复练习一句话，甚至有时候会带出自我惩罚的色彩。

2. 放弃（趋向于逃跑反应）

“放弃”和“较劲”是相反的，你的内心感受完全控制了你的理智，或者说你已经放弃了理智，爱怎么样怎么样了。这时候你开始胡言乱语，或夺门而出。

四、关于催眠和心理调整

下面引用一个个案的真实自述：

您和我谈话时说得很对，心理防御机制使我容易胡思乱想而造成巨大的紧张，说话时将重点都放在单个的词组上，导致语无伦次，结果更加紧张。我感觉故意放松也行不通。了解到您所说的安全理论之后，我迫使自己从舒适区进入到非舒适区，逐步带着恐惧去有意地放松身体。虽然我依然能感受到内心的恐惧，但身体却没有原来那样僵硬了。我逐步认识到说话紧张是可以通过催眠手段克服的。

我感觉催眠对神经系统有抑制作用，在第六七次催眠的时候，我感觉到神经系统松弛了，这是突然感觉到的。后来躺在沙发上，感觉腹部或者是横膈膜吧，一下子放松了，非常舒服。大脑的放松，带动全身的放松，反过来，全身的放松也有助于大脑的放松，于是因紧张引发的大脑空白逐步减少。后来，虽然紧张，但由于能够有效地放松，也会控制住自己和表现，不会像原来那样在现场放弃自己，造成离奇的、令人不可思议的怪现象。

在本书中，我会跟你具体解释关于安全感、防御机制以及一系列心理学的问题，让你从内心明白为什么公开讲话会有这么大的反应。并且我们会在催眠中，运用身体、心理、认知三者互动的方法，让你学会如何自我调整。

让我们的人际冒险变得没有惩罚感而是充满发现的乐趣，让我们在他人面前做真实的自己。

目录

第一讲

你的语言是这样开始的

首先引用一位参加过口才训练班的学员的自述：

我是一位银行的工作人员，来这个训练班想要解决的是上台发言发抖、和领导说话发慌的问题。其实我知道自己要表达什么，但就是说不出来，我也不知道问题出在哪里，这个事情一直折磨我。后来参加了口才班，可是这个问题还是存在。后来，我的领导找我谈话，说要提拔我当部门主任，按说我应该像其他人一样感到高兴并欣然接受，但我当时却感觉天要塌了，自己实在胜任不了这个职位，原因就是我不敢在公开场合讲话。当时领导劝了我半天，我硬着头皮答应

了下来。回到家里则感到浑身无力、两腿发软，对前途充满了畏惧。我不知道如何面对未来这一切，如何面对手下几十名员工。

听完这个案例，是否会引发你的思考？

说话是什么？为什么我们要说话？那是出于交流的需要，也可以说是社交的需要。

下面，我讲的所有心理学理论，都是为了抽丝剥茧，让你能够绕过那些表面上有道理但实际无意义的自我解读和努力。因此，让我们回溯到婴儿刚刚降生的那一刻。第一讲我们要从最初的起源开始，了解整个语言形成与发展的过程，这样才能有一定的理论基础帮助你彻底领悟其中的缘由。

很多语言学家和教育学家把人的语言发展分为七个阶段，这是一个常见的分类。下面我就从这七个阶段入手，用心理学的理论结合公开讲话和社交问题来谈一谈。

一、无意识的交流阶段（出生 ~4 个月）

婴儿刚刚出生时一切处于混沌期，无论是视觉、听觉等感官，还是身体能力，婴儿可认知的范围都是很小的。这个时期的婴儿心智完全处于幻想的状态，我们也称作全能自恋期。这个时候的婴儿会感觉自己是宇宙的中心，只要动一动念头，整个世界就会为之改变。当他发现自己的需要没有得到满足的时候，就会开始面临生理与心理的双重折磨。生理上可能是饥饿、口渴、大小便不适等，而心理上则会有一种深深的失控感。因为不理解自己为什么会有难受的感觉，所以只能用自己拥有的原始能力——哭闹来表达。哭闹所发出的声音是婴儿获得的第一份声音的礼物，这份礼物常常伴随生产中婴儿那种失控的感觉喷薄而出，这是人类生理与心理的原始本能。

孩子发出的这种原始声音也是多种多样的。有的哼哼唧唧，有的号啕大哭，还有一些无意识的声音。我们会发现一些很神奇的事情，比如，孩子的妈妈能够从不同的哭声中分辨出孩子的不同需要，这说明即使哭声也是有细微差别的，孩子是在表达不同的身心需求。

以上所说的就是第一阶段：无意识的交流阶段。这个阶段发生在从出生到 4 个月大。父母对婴儿的咕咕声或啼哭声会根据自己的想法作解释，所以，这一阶段又称为解释性的交流阶段。

当一个生命开始对外界有感知，接受外界信息的功能就开始了。心理学发现，婴儿接受信息有一些共性的选择，我们称之为群体潜意识。在这里我可以用一个有意思的现象来举例：婴儿第一个接收感知的器官是母亲的子宫，研究群体潜意识的弗兰克尔发现，大多数孩子画的第一幅作品是一个圆圈，他认为这就是婴儿对于子宫这个体验的投射。这就是最原始的信息输入、输出过程，是最原始的说话表达基础。

二、有意识的交流阶段（4~9 个月）

有心理学家认为，婴儿开始时也没有意识到自己的发声或啼哭能够影响父母的行为，但如果父母自婴儿出生后第一天就把孩子当作交流的个体，对孩子的不同声音作出不同的应答，例如父母有时会用简单词句对婴儿说话，有时会以高的音调和夸张的声音逗引孩子，婴儿在这样的环境中懂得了寻找交流对象，渐渐地产生与父母之间的互动，例如用哭声索要拥抱、表达饥饿或要求更换尿不湿等。这时，婴儿的心智就开始发展了，会慢慢察觉到原来身边还有妈妈这样一个人。于是婴儿从一人期转而变成了两人期，这就是婴儿开始真正认识这个世界，并与这个世界产生联系的开始，也是好奇心的开始，这就是表达需求最原始的心理动力。

这时候婴儿进入了语言发展的第二阶段：有意识交流阶段。这个阶段在 4~9 个月。

这个时候，婴儿会有交流性的眼光注视，不但注视着事物，还会转向父母，注意父母的语言，这一能力的出现意味着婴儿与父母产生了有意识的信息传递。不仅如此，9 个月的婴儿还可以理解一些名词，如“球”“狗”等。

这时期的婴儿会通过所有感官去探索这个世界：例如把东西放到嘴里，就是通过嘴——这个喝奶用的第一敏感器官来感受某个事物、这个世界；又如到处爬、到处摸，是出于好奇而用自己的身体去感受世界的方式。另外，婴儿除了对外界，还会对自己产生好奇，例如他们吸吮、触摸自己身体器官的行为就是认识自己的表现。

这个过程是一个信息大量输入的过程，可以说是为了开口说话在做准备。这个时候如果婴儿的妈妈能够和第一阶段一样，和孩子继续建立起流畅的关系与连接，这份好奇心与交流欲便会得到很好的鼓励与滋养，孩子会越来越关注外部的事情，获得越来越多的信息与经验。

反之，如果一位妈妈一直忽略或者用不当的形式回应婴儿的需求，婴儿这第一份对外界的好奇就会受阻。这时候婴儿就会做出哭闹或有攻击性的行为，甚至对外界的事情不理不睬。有部分心理学研究者认为这也是自闭症的病因，我们知道自闭症最主要的表现是完全不去社交甚至不回应外界，几乎不开口说话。

讲到这里，我想到了一个曾经听说过的荒谬可笑的例子，也就是我们心理圈比较出名的“读经宝宝”事件。一位妈妈从婴儿刚刚出生，除了照顾吃喝拉撒，就是给孩子读经。当婴儿大一些开始会表达，她发现孩子有烦躁不安、不予理睬等现象，这时她会强硬地把孩子的头扳回来，使孩子产生了强烈的对抗心理。这个行为听起来非常荒谬，但在生活中却时有发生。这些不当回应的现象，使孩子丧失了与外界建立的连接，长大必然会出现社交问题。

三、单词阶段（9～18 个月）

当婴儿凭着好奇与妈妈建立起稳定的关系之后，他们的好奇心就会扩散到各个方面，包括对人和事物等。随着孩子身心的成长，他们的表达欲望也从吃喝拉撒的原始动力升华到探索世界的需要。探索外部世界、与社会交流，这就叫社交。

婴儿怀着这种探索的动力，发现妈妈是可交流的，于是他们会开始进一步探索每一个他们认为可交流的对象，他们用自己的方式开始尝试和爸爸交流，和其他人交流，和接触到的小动物交流，和身边的玩具、物品交流……他们强烈渴望能够顺畅地表达出他们的所思所想。终于，他们发出了第一个原始同时有自控的声音："妈妈"。研究语言群体潜意识的心理学家注意到，很多国家都是把母亲叫作"mama"。他们认为，基于儿童的生理结构，第一个能自主有意识发出的语音就是"ma"，而根据人类的心理特点，孩子能第一个观察到的个体便是妈妈，第一需求人也是妈妈，因此自然会把第一个能够自主发出的语音与内心的需求对应，这便是"妈妈"的由来。那么可能你已经猜出来婴儿能够第二个自主发出的语音则是"baba"了。

这是我们有意识发音的开始，或者说是语言的开始。

从无意识发音到有意识发音，这是我们人类思维品质的一大飞跃，也是区别于动物的本质特点之一。婴儿静静地观察、聆听，听到这些成人说出来的一些声音，观察到这些声音所代表的含义，带着之前所有的积淀，他们也开始试着去说。这是一个不断试错的过程，生命的本能与好奇促使着他们不断去尝试，渐渐找到每个说出的单词所匹配的意思。这便是第三阶段：单词阶段，这是真正语言开始的阶段。

约 12 个月的婴儿会说出单词，单词的性质大多数为名词。在这个阶段，至少能说 50 个单词，然后才会发展词组。在 18 个月左右，两个字的词组就会出现。

四、词组阶段（18~24 个月）——早期造句阶段（24~36 个月）——句子掌握阶段（3~5 岁）

从第四阶段到第六阶段，孩子的语言日趋完整。

相比单词阶段的词与意一一对应的关系，从词组阶段开始，语言中的逻辑已经产生并且越来越强。孩子通过外部观察、学习，运用大脑中的信息加工系统去编写这些声音的代码，来表达内心的意思。代词、介词、形容词以及其他语法的应用，无不透露着幼儿思维水平和能力的发展。这同样是一个不断试错的过程，这个过程中孩子如果没有受到外界的惩罚评判，就会有勇气不断试错，渐渐练就和所处环境同步的语言系统。

随着婴幼儿思维品质的提升，大脑中的信息加工系统也在不断发展，这个阶段的语言能力飞速发展，而语言的练习和反馈又反过来帮助幼儿提升思维。

思维是人脑的机能，是对外部现实的反映；语言则是实现、巩固和传达思维的成果，即思想的工具。思维和语言统一构成人类所特有的语言思维形式。

著名心理学家皮亚杰曾经专门研究儿童思维与语言这个领域，认为思维和语言是相互依存、互相促进的。语言是现实的思维，是思维的物质外壳；语言的外壳又总是包含着思维的内容。思维的发展推动语言的发展，语言的发展又促进思维的发展。他认为一般来说，语言的发展水平标志着思维的发展水平；但是又不是等同的，它们有各自的独立性和特殊规律。从这些理论我们可以了解到语言和思维是有直接联系的，这也是为什么当人紧张时，会胡言乱语的原因。

在我接触到的所有因为社交恐惧影响言语功能的个案中，皮亚杰所说的“语言的发展水平标志着思维发展水平”可以说是完全不适用的。相反，这些找到我的案例大多数是公司的重要领导，他们无一例外地拥有聪明的大脑、卓越的思维，至少没有思维影响语言水准的可能。他们在熟悉的人面前能侃侃而谈，从观点到逻辑都没有任何问题，即使参加语言技巧类的培训也多是为了锦上添花。真正阻碍他们公开讲话，让他们语无伦次、张口结舌、丧失思维能力的是他们内心的自卑、自恋与潜在的防御。

五、完整的语法阶段（5~18 岁之后）

有些专家认为，5 岁是语言发育的分水岭，语言的发展此时将出现根本性改变，不仅句子更加复杂化，而且句子的含义和语言的用途也向高级发展。总体来讲，孩子从出生到 5 岁，语言是一个横向扩充、累积的阶段，而 5 岁之后语言开始向纵向和更高级的风格发展。

我们经常会评价一些成年人，“这人说话没水平”“这人言语粗俗”等。而这里说的“没水平”和“粗俗”不单单指用词过于简单或低俗，同时也指一个人说话乏味无趣，不得体、不恰当等。

有些知名的“段子手”，虽然语言中没有华丽的辞藻，但却十分轻松、有趣。反之，有些人为了吸引眼球刻意追求的幽默，反而显得乏味苍白。

那么，说话的水平到底来自于什么？如何在社交中展现自己的语言水平呢？

我们可以试想一下，当一个人关注到你，尝试和你交流沟通时，你的感觉是什么？如果他似乎根本没有听到你说话，甚至对你视而不见，只是进行以自我为中心的表达，你的感觉又是什么？一场失败的讲话，哪怕辞藻再漂亮，如果你根本不了解听众所思所想，那么就成了一个人的演讲，很难得到共情，说白了就是说不到别人心里去。如果加之你本来就对自己公开讲话的能力缺乏自信，时刻关注着自己表达得是否流利，此时就好像人格分裂，一个人在讲话，另一个人在自我评判，如此复杂的心理戏怎么可能再有能量照顾到别人的感受呢？那时候你眼中的听众也成了你幻想中的评判者，和你内心的声音一起给语言挑毛病。

是什么阻碍了我们打开心扉去看世界、看他人？我想当你阅读前面那些文字的时候，你已经发现，健康的孩子从儿时与父母的互动中，已经培养出了健康的模式。心理学中有一个专业名词“抱持性环境”，是指妈妈温柔地抱住孩子，给予他关注与爱，而不是惩罚与评判。反之，孩子则会出现过度在意外界反馈，与外界交流恐惧、紧张等社交问题。这些内容在后面的几讲中我们会具体谈到。

上一阶段我们谈到了思维对语言的影响。从催眠流派来讲，我们更多地把思维归类于意识层面，认为思维更趋向于思考与逻辑原则。而下面我谈到的——想象力与创造力，则更多地归类于潜意识层面，趋向于感觉原则。所谓的灵光乍现、灵感突发，这些词形容的就是那种说不清道不明的感觉。也有心理学学派把想象力与创造力称为逻辑思维与创造思维、归纳思维与发散思维等。总之，这是截然不同的两个部分：一个是试图创造一种规则，并按照这种规则执行；另一个则是去打破这种规则。两者有相反的含义。

我认为语言的高级性更多来自于潜意识层面所带出来的东西，就像很多“段子手”抖出来的梗令人意想不到，所谓“不按常理出牌”。简单地说，他们不遵循我们的逻辑思维和惯性思维，而是发挥了自己的创造力。我们经常接触到的诗歌、散文，其中的韵味、意象，也来自于想象力和创造力，而不是像数学公式一样有一套计算法则。

相反，潜意识层面同样会影响我们的语言。当我们心里有某种情绪，我们多数人在语气中会不由自主地透露出来。当我们心里充满了抗拒紧张，说话自然也会受到影响，比如卡壳。很多心理学谈话流派也会在语言谈话过程中捕捉潜意识的信息，并通过语言中无意透露的潜意识来解决问题。

【管玲结语】

刚才所说的任何一个阶段，如果父母产生了失误，让孩子的心理受到了创伤，都有可能出现社交问题，例如口吃、自闭。而社交对于我们内在的情绪反应也是有不同层级挑战的，就像大多数人在越熟悉的人面前讲话越自然，面对温和的人也更容易放松。对大多数人来说，正式的公开讲话会比非正式场合或与熟悉的人讲话心理挑战大得多。这是为什么呢？我们将在后面的几讲进行学习。

第二讲

你的恐惧与自卑感

在本书的序言中，引用了一个真实的案例，案主分享了他的故事：他因为公开讲话困难而参加了学习班，在学习班上虽然取得了进步，但是在结业后不到半个月的时间里，在新的场合中又回到了原来的状态，再也找不到在培训班结业典礼上侃侃而谈的感觉了。

另一个朋友这样对我说：

我在好朋友和家人面前话多着呢，但一到公开场合我就不知所措，不知道说什么好了。其实我心里挺喜欢和人交往的，但他们都以为我特内向。我每次参加社交活动之前都在

脑子里打一遍草稿，想想我能说什么，有什么共同话题，可到时候就什么都想不起来了。找领导汇报工作也是，准备得再好，表达也都不尽人意，领导说我太紧张了。

你在生活中是否也有这样的情况？表达障碍不是随时随地发生，而是针对某些特定场合？

就像我上一讲所说，不同的社交场合对于心态有着不同层级的挑战。大多数人在熟人面前讲话自然，面对温和的人也更容易放松。这是为什么呢？因为在我们的潜意识本能中，经常会害怕以下几种情况。

为了便于理解，我们先来了解一下本能是什么。

【学点知识】

本能是什么？本能是指一个生物体趋向于某一特定行为的内在倾向。其固定的行为模式非学习得来，也不是继承而来。固定行为模式的实例可从观察动物行为得知，它们进行各种活动（有时非常复杂）不是基于此前的经验，例如战斗、求偶、逃生、筑巢等，而是出于本能，近义语是先天行为。

简单来说，本能是随着我们的动物本性与生俱来的。心理学的防御机制大多也属于本能，是为了更好的自我保护。

一、我们的本能害怕什么

1. 陌生

出于我们动物性的本能，“陌生”就代表有可能出现危险，不利于生存。因此，在生活中我们常可以观察到这样的现象，有些人在陌生的场合或接触陌生人时会觉得无所适从，有些人喜欢拉上一些熟悉的朋友才觉得安全，还有些人拒绝接受新事物、新思想等。

我有一个公开讲话出现问题的案例，工作需要案主参加不同的社交聚会，每次聚会之前他心里都很紧张。他有一只从小陪他睡觉的毛绒小白兔，只有抱着这个玩具他才能感觉安心一些，小白兔已经让他抱成了“小黑兔”。“我一个大老爷们儿，也不能抱着一只小白兔去聚会呀！”这位男士描述的场面想来确实十分可笑，从心理学上讲，他就是在用一个熟悉的物品安抚自己潜意识中的不安，心理学中把这个熟悉的东西称作“过渡客体”，认为是婴儿脱离妈妈怀抱的安全感之后的代替品。很多人在陌生、不适应的场合，喜欢拉着一个熟人陪自己，也是这个道理。

讲话问题中有很多人都像这位男士一样，在面对新的社交环境和人群时就会出现问题。

2. 人群

试想一下，当一个落单的动物碰到一个陌生族群，它的本能反应是什么？这就是我们面对人群，特别是陌生人群的焦虑、恐惧。面对人群的数量由少到多，焦虑、恐惧呈上涨的趋势，一直到一个心理阈限。也就是说，有些人面对几个、十几个人感觉压力还能承受，增加到几百个人则焦虑、恐惧会加强，当达到几千人、几万人，焦虑、恐惧会达到顶峰，也可能呈现下降的状态。也有人到了这个阈限之后会表现出心理崩溃的状态，出现大脑空白、胡言乱语，甚至大喊大叫等反常现象。

3. 强敌

小时候我曾经养猫，我还清晰地记得我家猫碰到了一只黄鼠狼之后，弓起背、竖起毛的状态。这就是一种十分惊恐的状态。动物碰到了强敌，本能会呈现这种状态。我们人类在生活中遇到内心比自己强大的人、社会地位高的人、甚至恋人，都有可能出现这种原始的心理状态。

这种心理状态是一种原始的本能，但事实上我们认为强大的人，从自然的角度都是普通人，并不像动物界中强大的物种，为什么我们仍然会产生这种原始反应呢？这是因为我们的心态出了问题。我们会给一个人赋予很多社会化的定义，我们的社会群体也有一个群体潜意识，认为什么样的人是社会地位高的、强大的人。同时，当你把这些社会定义与自尊、人格联系在一起，则更激化了惧怕的状态。

4. 其他

除了以上几点，有的人还会对其他特定对象产生社交恐惧，比如我曾经接触过很多案例，案主在和异性接触时会产生特别的社交恐惧，还有的则在亲戚聚会时会产生很强的不适感……这些都有心理学的专业解读，在这里我就不具体谈了。

众所周知，我们人类面临实质性的安全问题已经远远低于其他动物，但人们总会提到一个词叫作“安全感”。为什么住在安定环境下的人类，也常常会说自己安全感不足？由此可见，人类所说的安全感更多是一种心理体验。

正如第一讲所说，我们刚刚出生那一刻，本来对外部环境充满着好奇，但在语言发展的各个阶段，也许我们被忽视、被批评或被纠正，这些都会引起我们的不安和焦虑，在心理上感觉自己受了攻击，或产生低自尊、不如别人的心态，同时对外界的好奇心会一点一点被阻碍甚至磨灭。我们的内心戏越来越多，开始在意外界怎么看待、评价自己，害怕或担心自己的表现不够好。在这种内心不稳定的情况下，我们的本能认为我们已经不能通过自己的能力来保护自己，于是，原始防御机制便开启了。我们的本能会向我们发送危险信号，这时潜意识会保持警惕，这种下意识的警惕会让交感神经保持在一个高度紧张的状态，这就是焦虑、恐惧。在面对那些本来不会带给我们实质性危害的情况时，我们却像小孩、小动物一样战战兢兢，接受着原始心态的挑战。

【学点知识】

什么叫作社会化？

我们刚刚出生时，表现更多的是动物本性，或者说是潜意识本能，在心理学中也叫本我，例如吃喝拉撒这些生存的需求就属于本我的表达。随着我们慢慢长大，开始渐渐认识到自己存在于群体社会中，认识到社会规则，学习到适应社会的生存方式。我们的行为是慢慢升华的，开始知道要去固定的厕所大小便，在餐桌上要讲究礼仪，之后会追求一些社会认可的东西，比如上学、工作……这个升华的过程就叫作社会化。

心理学认为，越社会化的行为越需要更完善、更强大的心理水平去支撑。相比和亲人之间的交往，一些公开、正式场合的沟通是更社会化的行为。而隆重的公开演讲对于大多数人来说比部门团建社会化水平又要高一些。

社会化的标准不能一概而论。群体潜意识研究发现，对于大多数人来说社会化是有统一的层级的，然而对于个体而言这些层级又略有不同。比如对于有些人来说，公开演讲是非常紧张的，他们更喜欢随意性的讨论；而对于另一些人来说，背诵稿子比突如其来的发言容易一些。因此社会化的心理状态标准是群体潜意识与个体潜意识的结合。

曾有一位案主这样表达：“我知道很多人见领导或者比自

己位置高的人会紧张，我却不是，因为我觉得领导水平应该高于我，我即使犯一点错误也没有关系，我面对下级的时候反而会更紧张。”这位案主的紧张表现与前文提到遇到强者产生的紧张性应激反应截然相反，这两种现象背后却有一个共同的心理原因——自卑。现在让我们一起来谈谈这个主题词。

二、自卑与自恋

心理学的精神分析流派认为，能解释人内心本质的有四个一级词汇，“自恋”是其中的一个，“自卑”则归类于“自恋”。可以这样简单解释，我们平时所理解的自恋是“自恋过高”，而自卑是“自恋不足”。现在就让我们好好体会一下自恋这个词，如果你能参透自己内心这种下意识的心态并自发地调整，讲话困难以及由此引发的一系列防御行为自然会随之改变。

在本书的第一讲，我谈到了语言发展的七个阶段，从无意识的交流阶段，到有意识的交流阶段，这个过程需要妈妈的不断呼应，让孩子从内心认识到这个世界除了自己，还有另一个人，这个人就是妈妈。这时孩子就会从一个人的世界走向两个人的世界，慢慢开始区分什么是自体，也就是自我；什么是客体，也就是自我之外的世界。

我的一位案主告诉我，每当他出现讲话问题，内心就会感觉无比羞耻，好像自己一丝不挂地暴露在人前。最奇妙的是，每当他在重大讲话的前一天晚上就会做同一个梦——自己在街上裸奔。这可以说是非常具有心理学意味的大梦。大梦，也就是对自己心理有重大意义的梦。大多数公开讲话困难的人会把这件事当作最大的缺点，对此充满羞耻感甚至罪恶感，他们十分担心暴露缺点，思想被看透，感觉失去了所有的防御，就像没有皮肤的人。

这些心态皆来自于从无意识的交流阶段到有意识的交流阶段没有过渡好，而造成的自体与客体不分，也就是内心的某一部分仍然没有分清楚自我与妈妈、自我与外界的关系。就像第一讲所说，婴儿刚刚出生时一切处于混沌期，无论是视觉、听觉，还是其他身体能力，婴儿可认知的范围都是很小的。这个时期的婴儿心智完全处于幻想的状态，会感觉自己是宇宙的中心，只要动一动念头，整个世界就会为之改变。所以这个时期的心态就是你我不分。换句话说，自己是宇宙的中心，所有人都在注意着自己，所有人也都能参透自己的心思，自己的缺点也会瞬间暴露给全世界。

请读者回忆并品味一下，当你出现讲话问题时你的心态是什么。是否会感觉所有人都带着万分挑剔的眼光在审视你？是否明明认识到别人可能没那么在意你，但思想就是扭转不过来？是否特别关注别人的评价？这就是不合理的自恋表现。

为什么我们会出现病态自恋这种心理状态呢？

精神分析大师科胡特认为，每一个个体在婴儿期都是有自体自大倾向的，例如稍稍得不到满足就会大哭等，在婴儿期这是正常、健康的表现。在心理世界中，他或她是全能的"上帝"。"上帝"被养育者所满足时，则获得快乐；反之，则会因遭受挫折而暴怒。然而，养育者如果自己经常有情绪问题，则会在养育婴儿的时候反映出来，在互动中内化到婴儿的心理信息处理系统中，成为婴儿今后无意识判断人际关系的某些基础感情。比如，某些人虽然也有焦虑的时刻，但整体基调是积极向上或外向的；而另一些人整体基调就偏焦虑或抑郁。这些情感基调就来源于童年形成的基础感情，就像一幅画的色调，需要养育者刚刚开始描绘的时候就设定好人生的底色。

在英国客体关系学家温尼科特著名的录像实验中，一个快乐的婴儿和一位抑郁的母亲相处一个多小时后，婴儿的脸也变得和母亲一样抑郁了。这就是科胡特所提及的著名观点：转变的内化作用。长期如此，会对婴儿成人后的人际关系能力产生直接影响。这个理论说明，一个人小时候和母亲与外界的互动，包括这种互动中对于自恋以及其他心理状态的影响，为成人后的人际关系，包括公开讲话这些社交能力打下了重要的心理基础。

科胡特提出，人的原始能量（力比多）如果能够正常地向原始客体（一般来说是母亲）投注的话，那么在这个人以后的生活里就能够顺利地爱上其他的女人。反之，如果力比多向原始客体的投注受到阻碍，这个人的力比多就可能投注到母亲的替代物身上，比如说长头发、高跟鞋、女性的内衣等，恋物癖就是这样形成的。如果力比多既不能投注到母亲身上，又无法投注到母亲的替代品上，那么力比多就可能撤回到自身，这就是“自恋”产生的原因。

也就是说，当孩子从无意识交流阶段开始向外抛出橄榄枝，带着原始的好奇心去探索世界时，妈妈没有成功地呼应，而造成了阻断，孩子就会出现病态自恋的现象，形成病态的人际关系基础感情。

胡科特认为，婴儿不能与心理期待配对成功，大脑则根据实际情况放弃这一正常的养育和被养育的循环回路，而以自体幻想性循环回路来替代、补偿这一自恋之需要。这样的幻想往往阻碍了自体了解正常自恋的现实性，超出常人所能接受的范围而形成自己独有的、过分的自恋。也可以这么说，婴儿的心理期待经常不被客观满足，就会生成一种心理防御机制，通过幻想来弥补自己自恋的需要。所有过分关注自己的表现，我们称之为不合理的、带有太多幻想的自恋。

健康的自恋，是指一个人能够发展自己的能力，并且能够通过自己的能力满足自己的需要（他的能力配得上他的自恋）。

病理性自恋，是指一个人的自我是夸大的，他通过自吹自擂或幻想把自己装扮得非常强大。在他的能力不能满足需求的时候，就会变得非常抑郁（他的能力配不上他的自恋）。

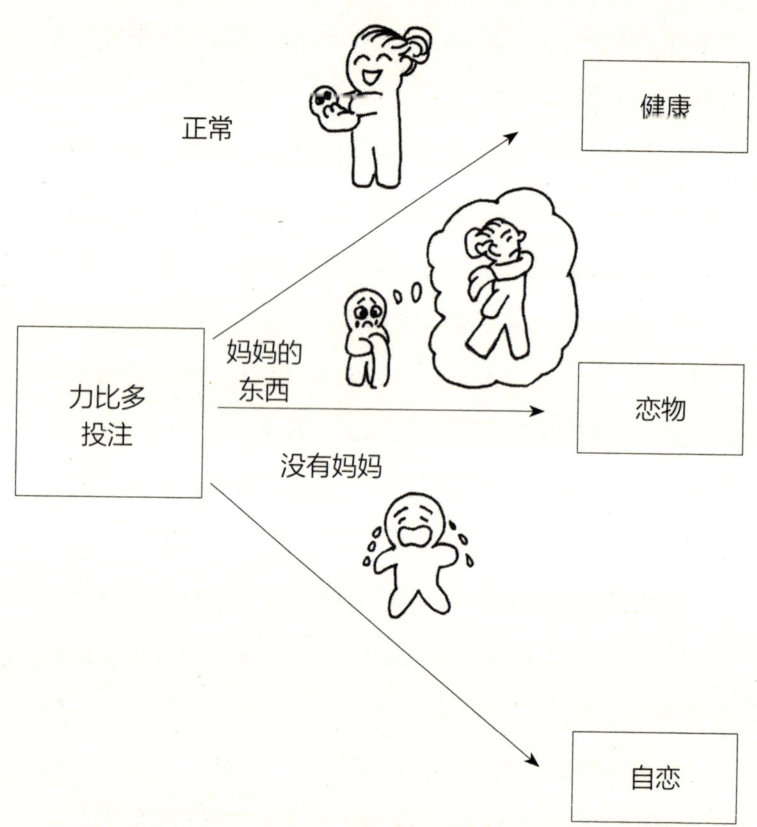
正常
健康
力比多
投注
妈妈的
东西
恋物
没有妈妈
自恋

也可以说不健康的自恋即病理性自恋会用幻想的形式来满足自己，而不以客观事实为基准，或者没有能力完成客观事实并获得反馈。

我每次在公开场合讲话之前，都会一遍遍地在脑子里做演练，并不由自主地幻想那场讲演表现得非常好，所有人都为我鼓掌。可随后又会产生演讲失败的场景，周围充满了人们质疑和嘲笑的眼神。越是这样幻想，越是紧张，真到了演讲的场合，内心就好像分成了两部分，一部分鼓励自己去演讲，而另一部分则不停地揣测别人怎么看自己，并且反复自我评价。

从这位案主的表达我们可以看出，他一方面幻想实现完美的自恋，一方面又担心自身能力配不上他的全能自恋，于是产生了敌意幻想，这些都不是基于客观事实的。

精神分析认为，人的原始动力（力比多）的总量是有限的，如果一个人的力比多过多地投向内部，那么朝向外部的投注就会减少。这种人的内在更容易孤独和抑郁，因为他没有真正地与外部连接。越不连接越是自卑，从而造成恶性循环。“其实我心里特别愿意和人交往，就是说话问题影响了我。”这位案主说的就是这种情况。其实不是说话问题影响了他，而是内心自卑与自恋的心态影响了他。

自恋现象包含两个看似完全相反的内容——自大与自卑，这两者都是过度关注自己的表现。所谓自卑，从心理学角度来看，是喜欢自我攻击以及自我折磨。当一个人的力比多与攻击性过多地指向自身，以至达到恶性的程度，就可能产生自杀的后果。换句话说，自恋的最高境界可能导致自我毁灭。

精神分析依据“绝对值”来评判一个人的自恋程度，认为“世界上没有一个人喜欢我”与“世界上每一个人都喜欢我”，其自恋程度是一样的。很多社交有问题的人背后潜在的心态是希望每个人都欣赏他，只要有一个人不喜欢他，他的整个世界就不好了。

如果读者希望了解得更具体些，那么你可以进入到下面的行动练习。

【行动练习】

你可以在之后这段时间去觉察以下几点:

1. 当你出现社交讲话恐惧的情绪时，请你马上觉察一下，这种情绪属于本能反应的哪一点？是面对了陌生人？人群？强敌？还是什么？

当你察觉到的时候，请你告诉自己——自己是安全的，这些原始的反应是没必要的。

2. 在一个安静的时间，觉察让你印象深刻的社交讲话场合，以自恋为主题词察觉自己的心态，并试着自我调整。

【管玲结语】

心理学解决问题最主要的方法是把潜意识意识化。也许在学习前面内容之前，你没有察觉到你的诸多情况是本能的反应，当你意识到之后就有了更多选择，有的人已经开始变得好了。

在之后的内容中，我们还会进行更多的行动练习，并且学习一些自我催眠调整心态的方法，让大家继续去感受内心的体验。

第三讲

走出自恋的一人世界，好好说话

本书中经常出现“从一个人的世界走向两个人的世界”这个高频句，这当然不仅仅是让个体走向两个人的世界，而是走向多个人的世界，走向外部世界。换句话说，从只关注自己的心理动态转向关注客体环境，能与外部互动，我们才能形成健康心理状态下的沟通，打破公开讲话的困难。

第二讲的最后我谈到自卑与自恋，当你存在这种心态的时候，其实你已经活在了一个人的世界里。精神分析流派通过五个维度来解读自恋，本讲我就来详细地和大家谈谈自恋的五个方面，以及它们如何影响了你的社交关系，包括公开场合的讲话。

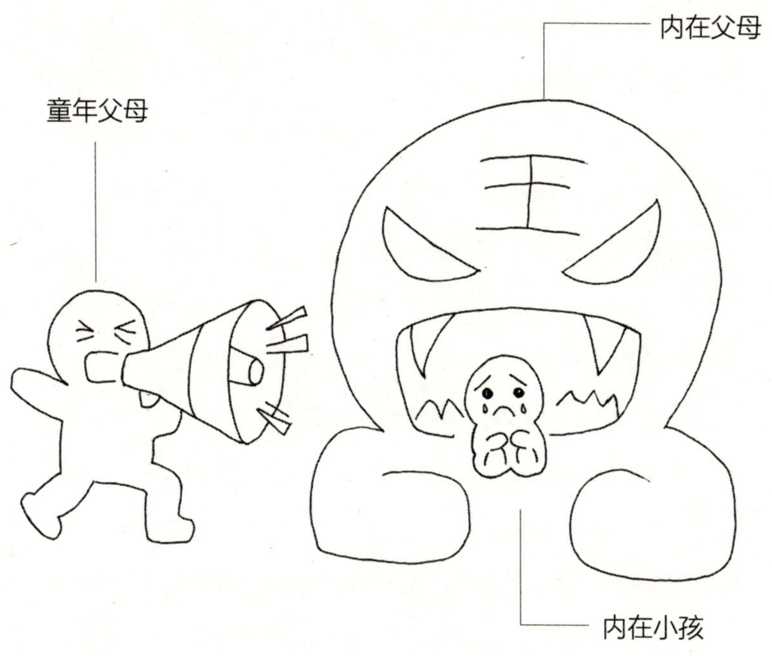
内在父母
童年父母
内在小孩

1. 力比多的投注

弗洛伊德把自恋分为“原发自恋”和“继发自恋”。原发自恋是指力比多（原始动力）投注于自身，这是新生儿的自恋特征。在后续的正常发育过程中，力比多逐渐地离开自身，投向妈妈的乳房等外部对象物。如果力比多外部投注时受到挫折，重新返回自身，就叫作“继发性自恋”。这个理论前两讲已经详解，此处不再赘述。力比多不能顺利地投入到外部环境，可以说是引发自恋以及无法与外部环境顺畅沟通的最本质的原因。

2. 误把自己（自体）当作他人（客体）

有来访者曾对我说，每次当他公开讲话的时候，他都不由自主地去幻想别人怎么看待他。我们来品味一下就可以发现里面的逻辑错误，别人怎么想他他怎么能知道呢？这种情况根本是他自己在评判自己，是他把自己内在评判的那部分投射到了别人身上，这就叫作把自己当作他人（客体）。

还有更严重的情况，有人甚至总感觉被别人监视着自己的一举一动，特别是当他一个人的时候，总感觉有一双眼睛盯着他，其实他知道并没有人。后来这种情况越来越严重，他的幻想渐渐变成了幻觉，开始看到“鬼影”。这其实是他心中的“鬼”，我们也叫作内在坏父母的投射。

一个人无论在做任何事，都感觉别人在监督自己，心理学认为这是因为他内在有一位严厉的父亲或母亲，或者叫作坏父母。什么叫作内在父母？就是在我们幼年时期与父母的互动过程中，受到的对待方式，这种外部的声音内化进了我们内心。如果这种互动是不良的，久而久之就会有一位内在很严厉的父母产生，心理学叫作坏父母，这位内在的父母似乎在每时每刻监督着自己。

心理学认为人能让自己活出真正自我的重要渠道，就是遵循自己的感觉，而不是遵循其他人的感觉。我们内在的父母之所以成为坏父母，是因为那些声音往往是强迫性重复童年父母对我们的要求，而并不是遵循自己心里真正的感觉。当人站在客观的角度看待自己、认识自己时，更多的是使用眼睛去观察自己，而很少用身体去感受自己，其实是人把自己当作客体去对待。这也是我之前所谈到自体与客体混沌不分的情况。

【学点知识】

心理学理论认为很多人内心都涵盖两部分：即内在父母和内在小孩。

“内在父母”是我们把小时候父母对待我们的方式内化成为了自己的一部分。

“内在小孩”是由于童年的不良体验或互动，导致内心没有成长起来，心理年龄比较小，是儿童化的那部分。

大家是否还记得我在第二讲提到的那位案主？他非常敏锐地感觉到自己内心好像分成了两部分，其实这就是我所说的内在父母与内在小孩两部分。对于他来说，内在父母就是那个要求自己一遍遍去演练，做到最好，让所有人都为自己鼓掌的那部分内心声音。也许这位个案的童年，在学校和家里的每一次表现都被父母一遍遍地苛求，逐渐他把这种高要求内化成了自己的要求。而他幻想出的周围人的质疑和嘲笑，实际上是他幻想中内在父母对自己的评价，而他紧张的那部分就是内在小孩的部分。

内心越没有成长好的人，内在父母和内在小孩的冲突越严重。内在父母会不停地对自己提出要求，但内在小孩又不能做到。我曾经遇到过这样一位案主，他在每次公开讲话之前，都要做十分周密的准备，甚至会把想说的话逐字逐句都写下来，一遍遍地修改，但第二天仍然发挥失常。后来他在催眠治疗中出现了一个儿时的场景：他的妈妈坐在旁边大声呵斥他，让他反复修改作业，直到他妈妈认为完美为止。在我们的分析中他察觉到，其实他在强迫性重复小时候妈妈对待自己的方式。也就是他把小时候妈妈对他的方式内化成了他的自我要求。这种方式对他公开讲话并没有任何帮助，反而增加了他的紧张和不自然，甚至他的发挥失常，就是内在小孩下意识的反抗。

我们可以再深入地去讲一下这个案例。

在我让他好好体会和回忆之后，他发现，他妈妈让他一遍遍修改作业的结果不一定是完美的，修改直至完美只是他幼小的心灵给妈妈的一个合理化解释。通过了解得知，他童年的家庭是焦虑的妈妈、消失的爸爸和独生子的组合。这点我在我的《简易催眠术》一书中谈到过。因为父母的关系不和，妈妈强烈地想要抓住爸爸、控制爸爸，而导致爸爸更加想退出这个家庭，妈妈只好把这份控制欲移情到孩子身上。从精神分析的角度讲，妈妈是在用让孩子一遍遍修改作业这种方法来发泄自己的焦虑和内在情绪。

在这里之所以引出家庭关系这一点，因为这是引发我们与外界关系互动不良最本质的内心根源，在后面我还会继续分享。

3. 自我中心，把“他人”（客体）当作“我的”，把“我的”当作“我”

结合我前面的理论来讲，当婴儿出生的时候是混沌一片的，分不清什么是自己、什么是外部世界。这时候妈妈会发现婴儿除了认识外部世界之外，也会用不同的方法来认识自己。比如，婴儿会吸吮甚至啃咬自己的手指、脚趾，这就是了解自己的方式，而且他会通过吸吮的感觉、啃咬出现的疼痛来确认这就是自己的身体。

除了身体层面，心理层面又怎么得以确认呢？有句话叫作“以人为镜”，即通过人的存在来意识到自我的存在。也就是说，婴儿初期，都是通过妈妈的反馈来确认自己的存在的。如果一位母亲跟婴儿有良好的互动，婴儿则能很好地确认自己是谁、妈妈是谁，这时候婴儿就能从一个人的世界走向两个人的世界，也就是“分割”，明白自己是自己，他人是他人。

分割的过程有时候会面对独立尝试的恐惧、挑战与挫败，容易引发分割焦虑。这时候如果妈妈发出一些不用分割的信号，或者妈妈本身就不愿分割，那么孩子就会仍然停留在这种你我不分的世界里。不能分割的孩子会试图控制周围的一切，把周围的一切都当作“我的”东西，而“我的东西”就是“我本身”。

成熟的人都知道，不是所有的事情都能受自己的控制，符合自己的想象和期待。当我们身处一个公开场合，每个个体都有自己独立的思想和风格，绝不是可控的。而自恋的人会在潜意识里希望能够控制住全场，最简单的就是让所有人都觉得自己优秀，一旦周围的人不符合他的期待，他就会觉得自己本身很失败，不够完整。这是因为自恋者内心还有不分割的状态，下意识地认为外界就是“我本身”，而我本身怎么能有坏的、不能控制的事情呢？

有一位个案案主在一次公开讲话中面对几十名听众，大多数人都很专注，只有后排的一个人在低头玩手机，他内心觉得非常挫败。由此可见，他希望每个人都符合自己内心的期待，都专注地听自己讲话，哪怕只有一个人不符合这种期待，他都会觉得受伤害。要知道，我们无法控制别人，即使全场都不爱听你讲话，或者你真的不擅长公开讲话，也不代表你就是个失败的人。

我的一位个案案主极端到觉得世界上就两种人：擅长沟通的和不擅长沟通的。他认为连表达能力都没有的自己基本没希望了。显然他无限放大了自己的弱点。事实上我们每个人都是血肉之躯都有自己擅长的部分和欠缺的部分。我让他在每次催眠中反复感知自己的身体，充分了解到是否擅长公开讲话只是他身体之外的一部分。这其实是在用催眠帮助他内心完成分割。

4. 把“别人”等同于“我”

基于上面的理论，当一个人自体和客体不能分割的时候，经常会忽略自己与他人的差异，容易想当然地认为“别人跟我是一样的人”，缺少区分自身与他人的能力。在这种情况下，个体倾向于把自己的个人意愿、好恶投射给别人，认为别人肯定跟我具有同样的想法、感情、需求和愿望。

5. 活在理想化的想象里

由于病态的自恋是基于自我的幻想，而不是基于客观事实，因此常常是绝对化的、追求完美的，而完美只存在于幻想之中。我有一个解决亲密关系的个案，案主告诉我，她对交往过的男朋友都不够满意，她理想的对象是韩剧男主角，这便是幻想中的完美。韩剧中帅气多金，又无条件为女主付出的男主只可能存在于幻想之中，或者说这个角色根本就是一个幻想中的“好妈妈”角色。

这里又引出了一个心理学概念——“好妈妈”。著名的心理学家温尼科特提出了“足够好的妈妈”这一概念。他发现在婴儿初期，各方面完全不成熟的婴儿会希望自己有一个好妈妈，这个好妈妈能满足自己的一切愿望，并且给自己无条件的爱。但此时期的婴儿所谓的需求也只有吃喝拉撒睡和被抱抱等，相对比较容易满足。因此，婴儿有一个足够好的妈妈，能够全方位地关爱和照顾他，他就会渐渐在身体和心理成长起来。反之，孩子内心的一部分就会缺失，内在小孩就会一直存在。内心没有长大的成年人，对“好妈妈”的需求不只停留在基础需要方面，所以才会导致一系列“作”的现象。这种“作”就如前文想找韩剧男主做男朋友，案主沉迷于自体幻想出的完美。

希望每个人都欣赏自己的公开讲话，也是一种潜意识追求完美的表现，这种人的心理动态是：既然我的妈妈是个完美的妈妈，那她当然应该符合我的期待。他把“完美妈妈”的内心期待投射到了外界，也潜意识地追求“妈妈”认为好的自己。

内心没有长大的自恋患者不但希望“好妈妈”是完美的，也要求自己是完美的。有的患者为了让自己达到“完美的境地”，往往“头悬梁、锥刺股”地虐待自己，让自己达到“理想自我的状态”。在强求自己达到“十分完美”的过程中，有的人还会强求他人认同自己的想法，强求他人赞美自己。如果他人不顺从或者不附和，就会产生愤怒，并对他人进行贬低和攻击。如前所述，不健康自恋的人内心是没有分割的，因此会觉得自己是完美的，心中的“好妈妈”也应该是完美的，因为他们本来就是一体的。

我的一位案主性格非常温和，他一开始并没有察觉到自己强求他人，也不爱发脾气。随着我们聊得越来越深入，他才察觉到，公开讲话也好，小范围社交谈话也好，只要涉及他自卑的层面，他的内心就开始对别人的回应有所期待，这种期待也是一种强求。他还察觉到，当别人不能满足他的期待时，他通常会严重地评判自己，偶尔也会冒出“这个人怎么这样”的念头。我曾经在我的微博上谈道：我们人的原始攻击性必须有所指向。或许有时候我们把它指向别人，有时候指向自己，其实我们可以把这种攻击性指向更广阔的空间，让它变成一种力量而激励我们前进，这时候我们就完成了攻击性的升华。

没有完美的人，也没有一无是处的人，因此，当你因为讲话等问题而产生深深的自卑，你要认识到这个缺点只是你的一部分。

【行动练习】

带着上述不良的心态与人沟通自然很容易失败。那么良好的沟通应该是什么样的呢？是从自己和自己较劲的内心戏走出来，看到外面真正的世界、真正的他人。

我们应该怎样调整自己的心态，走出一个人的世界呢？我们现在来谈一些具体的做法。

1. 找出自己心中的内在父母与内在小孩，避免把自己的内心动态投射到他人身上。

尝试从此时此刻开始带着觉察的心，花几天或者更久的时间在你的实际生活中去体验：

在什么样的场合、情况的讲话中，你内在父母开启了？

你在内在父母开启的时候内心都想了些什么？感受又是什么？

什么时候、什么情况下你的内在小孩开启了？

你在内在小孩开启的时候内心都想了些什么？感受又是什么？

如果可能，请你把每次觉察到的片段记录下来，并且观察它们之间有没有什么共性。比如，在什么时候内在父母特别容易开启？

如果可能，让内在父母和内在小孩谈一谈，特别是针对公开讲话这一内容。

在你想要改善的领域（比如公开讲话的场合），请你保持警觉，区分什么是真正别人给你的反馈，而什么只是你内在父母或小孩的想象。

2. 区分自身与他人，完成心理上的分割。

请你在公开讲话前（或面临挑战的沟通之前），不断用刚才所读的理论暗示自己，你是你，他人是他人，你们不需要保持一致，他人不需要符合你的想象，你也不用符合他人的想象，你完全可以做你自己。

3. 利用每一次和别人接触的机会，打开你的心扉真正地去看、去听，真正地去了解外界和他人，也客观地了解自己，接受不完美。

本书已经进行到了第三讲，相信认真阅读的你已经具备了一些心理学理论基础，也认认真真地进行了行动练习。之前我提到了催眠这种方法，这也是我在个案治疗和团体辅导中应用的主要方法。这种方法帮助了很多有公开讲话以及社交问题的人。虽然专业的催眠治疗还需在催眠师的带领下进行，但我仍希望自我催眠练习能一定程度地帮助到善于自我催眠的人。如果你初始尝试不太顺利也没有关系，找到催眠的方法需要循序渐进。

【第一阶段自我催眠练习】

请选择一个相对安静，能让你保持专注的地方，用一个舒服的姿势坐下，内心反复朗读下面的催眠语句，并随着这些语句去感受自己，让自己进入到自我催眠的状态。

现在我要去感受我自己的身体，属于我自己的完整的身体。

我知道此时此刻我不会草草了事，我会真正地去感觉，给我自己时间。

我能感觉到我双脚稳稳地踩在地上。

我从脚趾开始慢慢放松。

这种放松的感觉会慢慢向上传递，现在，我的脚背、脚心、脚跟也开始放松。

现在我能感觉到我的脚腕在放松。

我感觉到小腿在更深地放松。

膝盖放松。

大腿放松。

臀部放松。

现在我能完全感知到自己的下半身。

我能感觉到我的下半身因为放松，好像要沉入我所坐的地方。

这种放松的感觉正继续向上。

我能感觉到我的腰部放松。

后背和前胸都在放松。

肩膀在更深地放松。

我知道此时此刻我可以卸下所有的负担，让肩膀再一次更深地放松。

顺着我的肩膀，我的大臂、小臂，手和手指尖也逐渐放松。

这种感觉还在向上，我的脖颈在更深地放松。

我的后脑在更深地放松。

我知道此时此刻我可以放下思考，也不会试图用我的头脑去控制这一切，我会再一次感觉到我的后脑在更深地放松。

我的头顶在更深地放松。

前额在放松。

眉心放松。

面部完全放松。

此时此刻我能感觉到全部的自己都放松下来。

如果暂时感觉不到，我也会给自己更多时间或更多机会做这个练习。

现在我能感觉到自己的一呼一吸也变得更深长、放松。

此时此刻，我对我的身体完全有感知，我能感觉到一个完整的自己就坐在这里，停留在此时此刻。

（催眠结束）

或许这是你第一次接触催眠。我在个案治疗中，往往会通过十次以上的催眠来达成个案的目标，因此不必着急，不需要一天中练十几遍，每天当你有时间的时候去静静体会一次即可。

如果经过反复的练习，你已经很熟悉这些语句，那么你可以闭着眼睛在心中默默背诵，不用逐字逐句，只要知道这个过程就好。你也可以闭着眼睛，让你放心的人坐在你旁边帮你读出这些语句。当你反复熟悉这种身心的放松感觉之后，请把它主动地用在你的公开讲话之前或过程中，以及任何让你紧张的时刻。当你通过练习而熟悉这种放松感后，这种经验在你需要的时刻就会自然地出现。

让我们从现在就开始改变吧！

【管玲结语】

要塑造健康的自恋观，能够区分自身与他人、理想和现实，要对自身有一个客观的认识和判定，做到自身主体与客体的和谐统一。而不健康的自恋包括自恋过高和自恋不足，都是没有认清客观事实与自己的能力（或是意识层面是知道的，但是心里没有接受），从而导致自我评价过高或自我评价过低的现象，会影响你的社交沟通。

本讲的最后我送了一段催眠词给你，这段催眠词可以让你练习对身体的感知与放松，帮助你在社交沟通中更加放松。并且通过身体带动心理，加强心理的放松与安全感，从你的内心慢慢开始练习分割。

第四讲

在社交中做真正的自己

曾经有读者给我的公众号留言说：心理学的书真的需要一句一句地，甚至一个字一个字地看，慢慢琢磨才能懂。这位读者说出了心理学的特点。不同于其他学科，心理学是一门需要去体会的学科，并不是你通过课本就可以学习到的，而需要你把看到的与生活中的体验相结合。

不知在阅读前面内容时，读者是否把我的分享带入到了个人的体验中？或者你已经在公开讲话等社交场合有所改变？心理学有一种大家公认的治疗方法，叫作潜意识意识化，也就是当你能够了解自己不曾察觉的心态，便有了选择，可以不再按照自己以前下意识的固有模式走下去。

我　与　你

我与它

让我们继续来了解怎样才能让我们更舒服地社交，更自如地讲话。

一、社交能力是感受爱与平等的能力

马丁 · 布伯写过一本书叫作《我与你》。书中讲的是人与人之间主要存在的两种关系——“我与你”和“我与它”。

大家可以注意到，并不是“我与他”或“我与她”，而是“我与它”。

马丁 · 布伯认为，当一个人以自我为中心，则会将外部的所有客体视为自己达成目标的工具或对象。这时候其他的人也好，物也好，都沦为了“它”，这时构建的是“我与它”的关系。

如果用自恋的理论来解读，“我与它”的关系即是我所说的一个人的世界。除了自己之外，其他的外部世界只是为我所用、给我反馈的工具，我既想要控制、支配这个世界，又觉得外部所有的事物都在围绕着我转，并且盯着我。因此我战战兢兢，生怕有任何不好的反馈。

一些个案中表达过这样的意思：“我有时候觉得我活着

的世界特别不真实，我总想，是不是其实只有我自己是人类，而其他的都是我头脑里创造出来的。”这是典型的活在“我与它”世界里的自恋状态。

马丁·布伯认为，当我放下我的所有预判和期待，带着我的全部本真和你的本真全然相遇，这时就构建了“我与你”的关系。

他所说的“我与你”的关系，也是能够让我们放下自己的内心戏，真正看到外部世界的方法。当我们拥有了这种能力，我们不会再过度关注别人怎么想我，而只是带着平和的心去与人交流，甚至与万事万物交流，这才是我们所说的人人平等。这时候我们的情感才真正地流动起来，流动到外界的万事万物中去，并且也能体会到别人的情感流到自己这边来，感受到爱。当你拥有这种心态的时候，在我看来就拥有了真正的社交能力。这种能力还有一个核心就是先要自己爱上自己。这种自爱不是自恋，这种自爱对自我的认可是建立在真实自己的基础上，而不是建立于幻想中的自大。

二、社交关系是自己与自己的关系

一位个案案主这样对我说："其实我心里特别喜欢和人交往，就因为我在社交场合不敢说话，让我没什么朋友，我觉得挺孤独的。"

社交恐惧、紧张的人往往是孤独的，因为他们没有真正地和外界连接，感受连接后带来的情感流动。心理学家曾奇峰认为，通常两种人容易在人群中感到孤独：一种是自傲的，另一种是自卑的。其实，从心理学上说，自傲和自卑是同一种本质的两种不同表现形式，都是由过度关注自己，不善于跟他人交流引起的。

然而，如果一个人的内在是冲突的，他往往也不愿意独处，因为独处的时候，他就要面对自己内在的冲突，面对自己与自己的关系。有一位社交困难者告诉我："我最怕的就是节假日，我自己在家待着的时候总觉得活着很没意思，所以我节假日都会去单位加班。"

曾奇峰说过，一个没有学会应付孤独的人，注定也不会很好地交流。孤独时的内心冲突，迟早会在与他人交流中出现，这是因为我们把自己内在的冲突投射到了别人身上。

第四讲

在社交中做真正的自己

“我聚会的时候，总是想方设法通过各种玩笑逗大家开心，但是过后自己感觉那都是刻意取悦大家，并没有真正的价值。”一位案主这样说过。我们可以感受到，这位案主实际上渴望发现自己的价值。然而，他从小被训练出了一种讨好的模式，这种讨好的模式并不是他发自内心的意愿，而是渴望大家认可他，就像小时候渴望父母的认可一样。然而越是开启这种模式，越让别人看不清真正的他。因此如果想真正学会和别人交流、学会社交，就要放下自己内在冲突中所带出的种种关系模式，用真实的自己接触另一个真实的人。

有很多人试图通过一场关系来缓解内在的冲突。

一位朋友曾经对我说：“你知道我和你成为好朋友的原因是什么吗？因为你特别有主见，我一点主意也没有，而你能引领我，我特别喜欢这样。当我有困惑的时候也喜欢和你聊天，你也能给我意见。”她的自我剖析也很深刻：“我小时候在家里开心的时候唱句歌，都会被我妈大声呵斥。我是不可能做什么决定的，都是由我妈来做主，所以我现在变成这样了。”我这位朋友确实遇到很多事情都会问我的意见，包括点菜这类小事。她曾经说过一句话让我印象特别深刻，“你看你点的菜都比我点的好吃”。

通过和这位朋友的关系，我们不但能看出她把童年的模式投射到了我身上，而且能看出她童年的模式带给她深深的不自信。还有一次我带她去参加一个发布会，我是拿到邀请函去的，没有熟人。发布会后的聚会上，我兴致勃勃地和各行各业的人聊天，发现身边的她不见了。后来我看到她一直和她男朋友坐在房间最远处的一个沙发上。可以感受出她的不自信已经深深影响了她的社会交往，除了我之外，她还带了一个更亲密的伙伴来作为心灵支持，但仍然没有促进她融入环境。当然，也许没有她男朋友的陪伴，她在这个场合会感到更孤独和无所适从。

如果你有类似的情况，但你很享受人群中独处的自在，那并没有什么问题。然而自卑、自恋的人恰恰在人群中不能安然自得，更害怕这种独立在外的感觉。既害怕独处时内心的孤独感，又恐惧和人交往，处于两难的境地。

我这位朋友由于童年的不良模式形成了不完整的自我，因而会潜意识地寻找另一个人来让自己更完整。很多人在亲密关系中更是如此，我们可以把这种情况称之为“寻找童年未曾得到的好爸爸好妈妈现象”。

【学点知识】

孩子刚出生的时候需要身边有一个好妈妈的照顾。这个好妈妈能了解孩子的一切需要，通过孩子的细微反应了解孩子的内心希望，并给孩子无条件的爱与喂养。然而，如果孩子在童年没有得到好妈妈与好爸爸的照顾，其潜意识就会在生活中的所有关系中投射出童年的模式，以此来修复童年的缺失。因此我们会看到如下的现象：

1. 在一段关系，特别是亲密的关系中，渴求另一半完美，并给自己无条件的爱。这种潜在的心态是：我仍然是好的，我值得有一个“好爸爸”和“好妈妈”来爱我。

2. 强迫性重复童年的模式，找到和童年很近似的“坏爸爸”“坏妈妈”。

3. 如果对方不能成为自己期待中完美的“好爸爸”或“好妈妈”，则会不断地纠正对方。于是这段关系就变成了纠正童年的“坏爸爸”“坏妈妈”，塑造心目中的“好爸爸”和“好妈妈”。

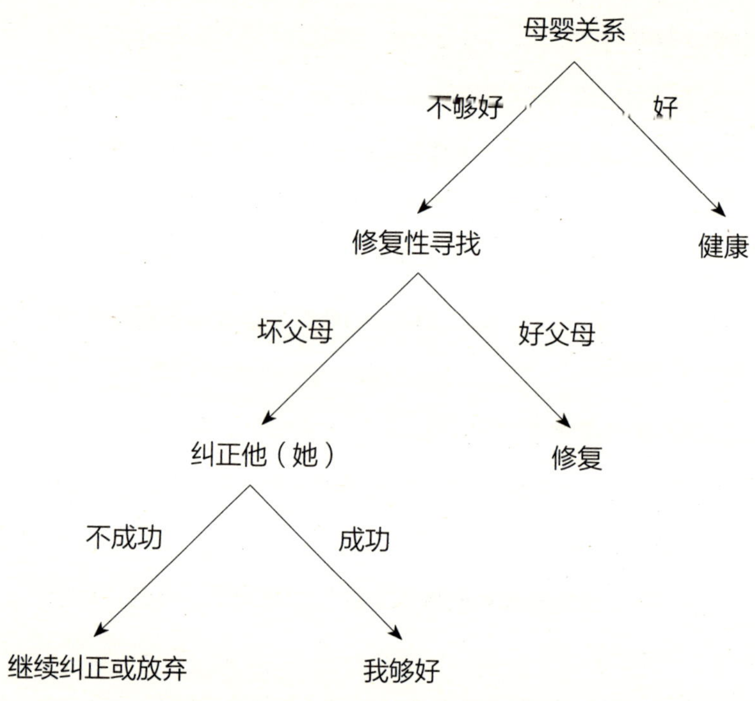
母婴关系
不够好
好
修复性寻找
健康
坏父母
好父母
纠正他（她）
修复
不成功
成功
继续纠正或放弃
我够好

通过以上模式可以看到我们内心的强大能量，时刻寻找机会来修复童年的不足。如果这时关系中的另一半能够给予对方足够的爱和满足，那么这个渴望被修复的小孩儿就会慢慢地被爱哺育，变得越来越自信。

这为我们提供了一种疗愈自己的方法与可能性。心理学中有一种治疗，即通过治疗人际关系来解决病人的内心冲突，这是弗洛伊德精神分析治疗的模型。而当我们了解这个道理之后，我们在现实生活中也可以自己去尝试。

【行动练习】

1. 把你身边的亲密关系以及好朋友名字列出来。

2. 这些关系中，哪些人在哪些时刻能给你良性体验？是什么样的体验？

3. 这些带给你良性体验的朋友或爱人，哪种体验能让你觉得更自信，变得越来越好？哪种对你公开讲话或社交有帮助？

4. 你认为在你挑选出来的人中，怎样和他接触你会变得更好，或对你的公开讲话更有帮助（如延长接触时间、更坦

然地说话等)?

5. 选择一个人作为对象，运用你所选择的方法开始进行练习。

6. 练习之后有没有达到预想的效果？如果有怎样坚持下去？如果没有怎样调整？对方还习惯吗？有什么样的反馈？

你在社交中是否在做真正的自己？

马克思说：人是一切社会关系的总和。

没有关系的存在，就不可能有人也不可能有人类社会。心理学认为一切问题都是关系问题，而关系大体有三类：人与自然的关系，人与人的关系，人与自己的关系。孤独是一种特殊的关系，这种感受能让我们更深切地体会到自己跟自己的关系。

曾奇峰说认为如果一个人在独处的时候所做的事情与他在公开场合所做的事情反差不是太大，那我们就可以判断他是一个生活得比较真实的人，是一个内在和外在比较和谐的人。反之，则是一个内外不和谐的人，或者是一个喜欢欺骗自己或欺骗他人的人，还可能是一个活得很辛苦的人。

第四讲

在社交中做真正的自己

有的人公开演讲时侃侃而谈，私下却是个少言寡语的人；有的人私下可以畅所欲言，在公开场合发言却屡屡受挫；有的人私下说话天马行空，在公开讲话时偏偏要考虑怎么能让逻辑性更强。当然，这可能是出于一些工作需要，但难免背离了我们本来的个性。这些反差可以从某些程度上说明你与自己的关系，你的内在父母要求你成为某一种人，于是你在社交的时候就下意识地自我要求，这也是我之前提到的内在父母与内在小孩之间的内心冲突。

英国心理学家温尼科特提出真自我与假自我的概念。他认为有真自我的人，他的自我围绕着自己的感受而构建；有假自我的人，他的自我围绕着父母的感受而构建。由此等他成年以后，他会自动地寻求别人的感受，围着别人转，为别人活。在社交和公开讲话中，过度在意别人的感受，在意别人怎么看自己，从而背离真实的自己。

我的一位案主说过，无论是小范围的讲话还是重要场合的发言，他重视的程度基本上都是一样的。发言后，他首先会对自己有个大致评价，当看到大家赞赏的眼神就会非常开心，相当于获得肯定，实现了自我价值。但如果有人向他提出改进建议，他的心情就会一落千丈。

然而，真正的自我评价是什么？是以自我的感受出发，在与外界接触的过程中感受自己舒适与否，并找到适合自己的节奏在社会中生存。从幻想社会的眼光来审视自己，不是自我评价，而是内在父母的评价。我们之所以会如此在乎他人的评价，是因为从小内在父母的声音已经严重地压过了内在小孩，导致个体没有办法了解真实的自己，形成了温尼克斯特所说的假自我。越不了解真实的自己越在乎外界的评价，形成了恶性循环。

一位公开讲话困难的案主给我讲了这样一个小故事。

有一次他要在一个几百人的会议中发言，由于自己不擅长公开讲话，因此很紧张。主持人已经把他请到了台上，但忽然想起忘说了一些事情，于是请他先等在一边，自己先把前面的事情补充完。结果主持人这一说就是半个多小时，他就在台上硬生生地站了半个多小时。可想而知，这种情况对于大多数人来说都是非常尴尬的。但我这位案主非常聪明，他当时就主动回忆我给他催眠时的放松感觉，在耳边幻想我的催眠声音和催眠词帮助他自我催眠。他说，半个多小时之后他早已忘了自己本来准备好的稿子，但由于自我催眠的功效，他心里并不紧张，反而抓住了发言的几个重点，随心所欲地说开了，结果取得了很好的效果。

当然，这并不能完全归功于催眠，但是他通过催眠学习到了自我放松的方法，掌握住了要点，遵照自己本来的语言方式和风格，流畅地表达出了讲话的重点，取得了成功，这就是真自我的成功。当真自我成功时，我们才会有自己被肯定的感觉，才能建立真正的自信。

心理学鼓励的是真自我的成功。一个八面玲珑的人通过“假装”来社交，时刻掩饰自己，只会离自己的初心越来越远，内心越来越虚弱，这其实也是一种严重的社交问题。所以，先去好好了解自己吧！只有了解自己，才知道应该用怎样的方式去适应外面的世界。

【行动练习】

1. 把第二天所需要做的事情列出来。

2. 从里面挑出哪些是自己真心想做的，哪些是不想做的（可以各选三个，不用太多。也可以只选出你体验最深的各一种）。

3. 静下心来觉察一下，你想做的事情是为什么。是发自内心的喜欢，还是为了获得外界的表扬、肯定？或者只是因为自己擅长或熟悉？

4. 你不想做的事情是因为自己不喜欢，还是因为不擅长或走出了自己的舒适圈？

5. 当你第二天做完所有的这些事情之后，重新感受一下，昨天你想象中的那些感觉或情况有没有发生？需不需要更新对自己的认识？这点非常重要，这能让你真正了解自己。

6. 根据每一天的自我了解，调整自己对自己的认识或做出改变。

分清自己内心真正喜欢的事情、不喜欢的事情与防御机制的区别。即有些事情是你喜欢的，但有可能你不擅长，从而引发了紧张。有些事情你不喜欢，但因为熟悉你在重复做。

7. 你喜欢社交吗？你喜欢哪种社交？不喜欢哪种社交（如公开宣讲、社交聚会……）？

8. 你擅长哪种社交？不擅长哪种社交？

如果你在社交中想改善一小步，从哪一项开始改变对于你来说最容易？你希望怎样做？

【管玲结语】

美国存在主义心理学家莱茵说，存在等于被感知。感知不是评价，而是心对心，感受对感受。不是头脑对心，更不是药物对心。这也是药物只能抑制情绪，但不能根治心理疾病的原因。具有存在性安全感的个体在这个世界上是真实的，具有时间上的连续性，内在的一致性、真实性以及空间的扩张性。

修复的方法是无论如何都要勇敢地投身于外部世界，让丰富的事情激活自我感受能力，以此不断碰触自己的感受。我选择、我自由、我存在。

从那些看似琐碎的时刻开始活出你自己吧！客观地把自己看成群体中的普通一员，既不会产生太多的交流问题，也不会觉得孤独，因为你就是众生中的一个。

第五讲

舒适圈外没有魔鬼

一、走出社交舒适区

我有一个业余爱好是自由潜水。但因为家住北京，接触海的机会不多，所以我偶尔会去游泳池玩一玩自由潜。自由潜就是靠憋气在水底玩，所以不太深的池子也是可以玩的。有一次我们全家旅行时住进了一个房间外自带游泳池的酒店。入住当天外面下起了瓢泼大雨，我依然换好泳衣准备去玩水。孩子看到也想跟我一起去，但遭到了她爸爸的强烈反对。当时我认为反正是要去玩水，即使下雨又有什么关系呢？非但没有关系，而且会获得一种更天然、更特别的体验。因此我自己去玩水的计划不但没有受影响，而且也非常支持孩子和我一起去感受大自然。而孩子爸爸给出的理由是“雨水不干净”，并且反复强调，非常坚持。即使我跟他说自然的产物并不会比人为造成的东西如尾气、病菌等脏，但他仍然不肯让步。

把这件事延展到生活中的其他方面，我们也经常会发现这种“不能淋雨”现象。我小时候就非常爱淋雨，只要一下雨就和妈妈要求出去淋雨玩儿，她偶尔会允许。现在我还能记得那种夏天在雨里奔跑的快乐感觉，我相信这对于每个孩子都是一样的。而长大后不知什么时候，自己就戴上了桎梏，这束缚也许来自于父母的教化或潜移默化，也许来自于社会的群体潜意识。“不能淋雨”成为我们遵循的标准，不单单是因为害怕弄湿衣服、感冒等，更来自于一种不能打破的对标准的执着。

为什么我们很难突破心中的束缚呢?

在前面的理论中我也曾经讲到，当我们呱呱坠地时，婴儿与母亲乃至整个世界都是密切连接和共生的状态。那时候婴儿显然是不完整的、没有边界的。在外界的良好帮助下，婴儿会慢慢和外界分割，从而形成自己内心的完整感。这种内心的完整感来自于情感体验。温尼科特观察了约六万对母婴关系，提出了很多重要理论，最广为人知的就是“足够好的妈妈”。足够好的妈妈会让婴儿形成两种健康的心理状态：客体稳定，即我看不见妈妈，但我知道妈妈是存在的；情感稳定，即妈妈有时对我不好，但我知道她对我的好是恒定存在的。有了这样的感受，孩子才能承受与妈妈的分离，并且让自己越来越完整，否则他会将短暂的分离视为永远地被抛弃，内心产生强烈的不安，会一直感觉没有安全感。

没有安全感怎么办？这时候我们会创造出很多防御机制来保护自己，就好像创造的第二层皮肤或者一个封闭的房间，用来保证我们更加安全，我们通常把它称为舒适圈。

第四讲提到跟我去参加发布会的那位朋友，整场缩在角落的沙发上。后来我们再聊到这个事情，她对我说：“我知道需要扩大自己的社交圈，工作和生活中也能认识一些新人，可就是不会主动联系别人，不能突破舒适圈。让我像你一样自然地去社交，去和别人主动说话，我做不到，强迫自己做很不舒服。”

我们的内在束缚有时候也会让我们固执于某些事情。我开始写本书的时候正是2020年的疫情期间，全国的人都长时间地待在家里不出门，只是偶尔出去买买菜。某一天我的好友发微信跟我抱怨说，她老公常去的菜市场旁边的小区确诊了两个病例，但她老公仍然坚持去那家菜市场，她怎么劝阻也没用。据我了解，那个菜市场离她家并不近，开车也要半个小时，而她家附近的菜市场很多，换一家也没什么大不了的，何况非常时期。那么为什么她老公执着于去固有的地方呢？我们内在的条框大多时候并不是从客观角度出发保证我们的实际安全的，而是来自于我们内心，守护我们安全感的，而这种守护的方式听起来总有一些可怜的味道。越没有安全感的人越接受不了变化，变化和未知即意味着失控，失控则意味着不安全。

如果你能意识到这点，或许你也可以做出一些改变。下面是一位公开讲话困难患者给我的反馈：

我是一个公开讲话困难的患者，上台太紧张了，不仅如此，我和陌生人打交道也有问题。我试过多种办法，有的根本没用，有的能很短暂地好一段时间。后来实在没办法，听说催眠能让人安静下来，我就报了您的催眠课程。经过十几次的催眠，神经慢慢地松弛下来了，虽然紧张会一直存在，但变成了可以控制的情绪，我目前的状态就是这样。我在微博上看了您分析的公开讲话困难者的心态，我觉得您说的就是我。您说人会给自己建立一个下意识的条框、一个舒适圈，我感同身受。以前我对单位里的各种活动都是排斥的，做了催眠以后能和紧张并存了，很多时候都能强迫自己进入非舒适区，锻炼自己并享受成长。

现在，就让我们试着在催眠的安定、放松中体验你的内在条框是什么，并且在安全的体验中慢慢改变。如果通过反复练习第三讲的催眠，你已经有了一些放松的体验，那让我们进入到自我催眠的第二个阶段。在这里我需要再提醒一次，所有的自我催眠，我们都要很慢地进行。

【第二阶段自我催眠练习】

现在请你按以往的练习方式让自己安定下来。

自己练习进入到以往自我催眠的放松状态。

第五讲

舒适圈外没有魔鬼

此时此刻你会开始把注意力集中到你的呼吸。

就好像你的呼吸是漂泊的河流中使你安定的锚，把你安定在这里。

去感受此时此刻呼吸的深浅、频率，但不需要做任何刻意的改变。

因为你要相信你身体的本能。

当你给自己足够的关注和时间，你的本能会带你进入到自然放松的状态。

就像此时此刻。

或许这需要一个过程。

这就是你个人的节奏。

你会完全按自我的节奏走，去聆听自己身体的节奏。

不需要随着别人的节奏而改变。

不需要幻想或自我要求。

因为你就是你。

你就在这里。

如果你察觉到自己有一些纷乱的思绪或什么样的情绪，那么就让它像河流一样飘过去。

而你的呼吸就是河流中一个稳定的锚，把你安定在这里。

很稳定很放松。

你会越来越熟悉此时此刻的感觉。

如果在生活中需要，你也可以主动唤醒这种过往的经验。

（催眠结束）

二、别在社交中把自己吓住

仔细想想，突破自己的舒适圈真的意味着不安全吗？这里面客观存在不安全，还是仅来自于我们的想象。

当家长的朋友们都有过给小孩吃药的经验。我女儿在一个年龄段吃药的反应非常有意思。有一次生病她必须要吃一种很苦的药，我把药倒在碗里让她自己喝。她喝掉碗里的药其实只用了几秒钟的时间，但准备过程足足有 40 分钟。这 40 分钟里我女儿都在干吗呢？我听到她一直在自言自语："哎呀，这个药实在是太苦了。""没关系，我相信你一定能做到。""可是一闻到那个药味就让我受不了。""你看你喝完药就能吃糖了，我把糖已经给你摆出来了。"……不要怀疑自己的眼睛，刚才那些话全都是我女儿一个人自言自语说的。我们可以感觉到她内心的斗争和深深的恐惧。而实际上药真苦到让孩子接受不了吗？她在几秒钟就喝下去了，那么她之前花 40 分钟在处理的是什么呢？是在安抚幻想中的恐惧。

在这个世界上真正值得恐惧的事其实不多，在很多情况下我们是自己吓自己。心理学家曾奇峰曾经针对公开讲话谈道：对一千个人讲话和对一个人讲话，在本质上是没有区别的。如果讲砸了结果会是什么？面对想象层面的恐惧，我们可能永远都是失败者，因为这种恐惧是我们自己制造的，而且在不断加工、放大，对付这种恐惧最好的办法就是想清楚一件事情真实的后果。

我们大多时候会发现这个结果并不会对我们造成任何实质上的损害，或者这个损害比我们想象中轻得多。

这是一位小学老师跟我说的话：

记得第一次上讲台的时候，我已经害怕到哆嗦，因为我从来没有应对过这种场面，而且本身我也不擅长社交。其实在上讲台之前，我就深深地不安，总怕自己讲不好，我把课程反复准备了一遍又一遍，在心里过了千万次，但真正上台的时候还是怕得不行。现在回过头想想，其实一群小孩子有什么可怕的呢？第一次讲不好也是正常的，小朋友也不会嘲笑我。根本是自己吓自己，当我有了第一次经验后，我发现其实也没那么可怕。

这就是面对未知和自己不擅长的部分，自己把自己吓到的例子。

为什么当我们走出安全区，会有如此深的恐惧呢？

这仍然要从我们的婴儿期说起。之前我反复提到，当一个足够好的妈妈给孩子无条件的爱与关注，并满足孩子的所有需求，孩子就会感到深深的安全。反之，婴儿的很多需求都得不到外界的回应或不被满足的话，他们就会感觉到深深的失控。婴儿期的心智无法理解有不可控的事情存在，他们失控是感觉外界对自己有敌意、不友好，所以他才会那么难受。这个不够好的、充满敌意的世界，自然让我们产生了深深的恐惧。

由于婴儿不能理解抽象的概念，他会把这种幻想中的敌意投射到一个具体的事物中。比如，有的孩子摔倒后，会狠狠地打地面。因为他觉得地面让自己不舒服了，地面是坏蛋。他就把自己心中的敌意投射到了外部世界。

一位个案案主在一次公开讲话前做了一个噩梦。梦到周围有很多人形轮廓的黑影紧紧地围住他，像鬼一样。他看不清这些黑影的具体相貌，但他能感觉到它们都在盯着他，他觉得害怕极了。

这是典型的被外界敌意吓得不轻的梦。当我们在公开讲话之前，反复想到一些最坏的结果或担心别人对自己有看法，这都来自于我们心中的敌意，只是这种敌意不那么直接并带有攻击性。当我们把它投射到外界，就会觉得外界对我们是有敌意的，每个人都可能在心里评判自己的发言并认为自己不够好。了解到这一点，请你放下心中的敌意，你并不弱小，也并没有人像你想象中那么关注你。

再说到那个陪我参加发布会的朋友，她知道扩大社交圈的重要性，但就是不愿意主动和人交往。

当我面对社交场合、面对陌生人，我心里挺紧张的，不知道说什么好，怕说错话人家不喜欢我。还有的人看着特傲

气，我就更不想说话，觉得这种人特别装。我意识到发展新朋友可能会让我开心，可是同时又觉得建立新关系需要付出很多，既要考虑怎么交流，又要调整自己的心态，起码要装作放松。自己付出这么多努力不一定会获得同样的回报，就会失望。想到这些我感到很无力，避免发生类似情况，干脆不交往。

我这位朋友在社交中既有直接的敌意（看到对方特傲气就不想说话，觉得这种人特别装，如果付出没有回报就会失望）；也有投射的敌意（怕说错话，别人不喜欢她）。她的情况说明，越不擅长交往越不能自然地享受人与人的关系，只好刻意地想话题、调整心态；越觉得付出感强，越期待回报，因而形成了影响人际关系的恶性循环。

心理学中有一个专业术语叫作自恋受损，是指我们的自恋受到了损害。简单地说就是对自己的满意度、自信等产生了自我怀疑和被降低的感觉。有时候我们不敢交往正是害怕自恋受损。曾经有一位心理学家的微博上写道："自恋受损，对于脆弱的人来说，是可怕的体验，就像是，你发现自己要碎掉了，并有极度羞耻感。”这种体验也是我们会自己吓到自己的一个重要原因，脆弱的人由于极度自卑，一点风吹草动都会引发濒临破碎的感觉。

张韶涵有一首歌叫《淋雨一直走》，歌词大意是鼓励人大胆地尝试一些不敢做的事。这里的“是否淋雨”显然就等同于我之前所说的内心条框。愿你在读完本章之后，也可以让你内在的禁锢松动一点点，去“淋一场雨”吧！

【管玲结语】

一位个案案主对我说，她小的时候父母经常打架，她很害怕，就幻想身边有个壳儿，觉得不安全了就藏起来。温尼科特说过，自卑感貌似都是因某种条件而产生，但其实所有的自卑都是在爱面前的自卑，每个人第一个最想要的都是母爱。

愿你能给自己更多爱，也有能力感受到世界给你的爱，让这份爱重新哺育你，打开包住你的壳子，走出你的舒适圈。

【学点知识】

之前我已经谈到过很多面对公开讲话、社交所产生的不良心理现象，在我的职业生涯中也接触过很多社交恐惧的案例，除了前面讲到的情况，我还在百度百科上找到了如下总结，供读者参考：

1. 恐惧被别人注视。恐惧自己言谈举止不当或表情尴尬；恐惧自己和别人交流时张口结舌；恐惧吃饭时丑态百出；恐惧手发抖以致无法写字；恐惧在公共场所呕吐等；回避见人以及身处所有公众场合；因焦虑而面红、心慌、震颤、出汗、恶心、尿急等；在公共厕所里怕因恐惧而解不出小便。

2. 赤面恐惧。部分人在陌生人面前有时会由于害羞而脸红，但赤面恐惧患者却对此过度焦虑，感到脸红是十分羞耻的事，最后由于症状固着下来而非常畏惧面对他人。患者会努力掩饰自己的赤面，尽量不被人觉察，并因此十分苦恼。如一位赤面恐惧的学生患者，对上学乘公交车感到痛苦，他就事先喝上一杯酒，让别人认为他脸红是喝酒所致；或拼命奔跑急匆匆上车，解开衣服的纽扣，假意用手里的东西扇着风，让别人相信他脸红是奔跑所致，以此自我安慰。

3. 表情恐惧。患者总担心自己的面部表情会引起别人的反感，或被人看不起，对此惶恐不安。表情恐惧多与眼神有关。患者认为自己眼神令其他人生畏，或认为自己的眼神毫无光彩等。有一位表情恐惧患者固执地认为自己的眼睛过大，眼球突出，样貌令人不适；又认为自己经常是一副生气的表情，会给别人带来不快。他冥思苦想，竟然使用橡皮膏贴住自己的眼角，认为这样就会使眼睛变小，但眼睛承受极大的拉力非常痛苦。

4. 异性恐惧。患者在与异性接触时，症状尤其严重，感到极大的压迫感，不知所措，甚至连话也说不出来。与自己熟识的同性及一般同事交往则不存在太大问题。

5. 口吃恐惧。口吃恐惧可归类于社交恐惧的一种。患者本人独自朗读时没有什么异常，但和别人的谈话就难以进行，或发音障碍，或才说到一半就进行不下去了。患者对此忧心忡忡，因不能顺利地与人交谈而感到自己是个残缺的人，非常苦恼。

第六讲

一个真实的案例故事

本讲我会用比较长的篇幅记录案主 A 相对完整的自述，也许在细细品读他的人生故事时，你会感觉他就像一面镜子，照射到你自己。

看了您公众号说的好妈妈、坏妈妈理论，我特别认可，我经常想起小时候我母亲的“坏”表现。母亲其实特别温柔，也特别爱我，但可能我太淘气了，出于安全教育的需要，她总是用语言吓唬我，以达到让我听话的目的。我那时总是战战兢兢的，导致后来特别胆小。我外甥有一段时间住在我母亲家，也经常说姥姥太会吓人了，可想而知我母亲是怎样的一位妈妈。

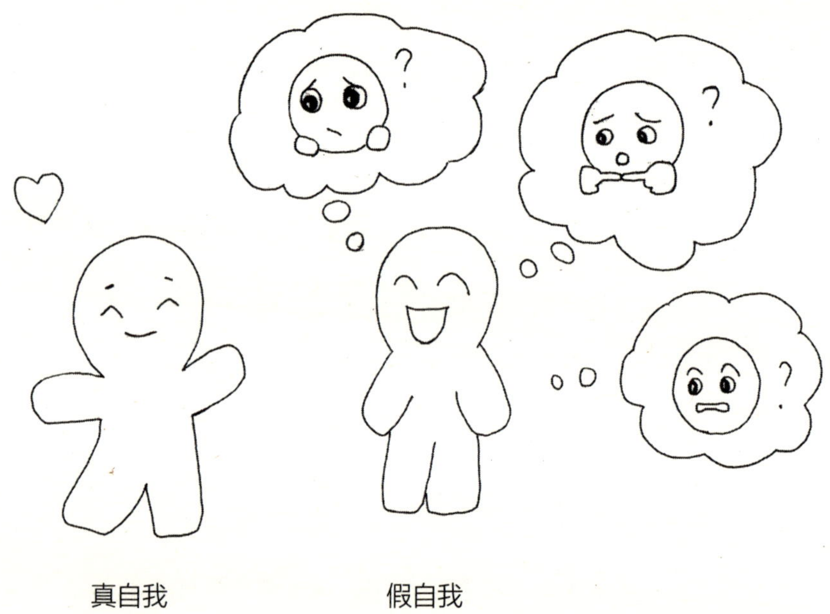
真自我
假自我

第六讲

一个真实的案例故事

虽然我成长中并不缺少爱，但伴随着爱也有很多畏惧。

母亲吓唬我最常用的载体是“鬼”，所以小时候我最怕鬼，各种动物死后变成的鬼充满了我的头脑，还有各种耸人听闻的鬼故事，天越黑就越怕，不敢独处。母亲讲故事时的表情也特别夸张，烙印在我心中，成年也经常浮现。举个例子，母亲为了不让我走远，就惟妙惟肖地讲了一个拍花子的故事，我仿佛看到那个人贩子摸了我的头一下，我就乖乖跟他走了，再也见不到妈妈了。好恐怖啊，后来我在路上遇到长得奇怪的人就很恐惧，心里怦怦乱跳。

类似这种吓唬多了之后，效果终于显现。中学时有一次走夜路，本来就非常害怕，走着走着，遇到一堵墙，由于路灯的照射角度，我自己的影子突然出现在了墙上，我吓得魂不附体惨叫一声。还有一次也是晚上，灯光比较昏暗，走着走着前面一扇窗户的玻璃上突然出现了一张人脸，把我吓得连声尖叫。其实那个人脸是玻璃映照的我自己，我被我自己给吓坏了。还好有位老师在我身边，他很有经验地一下子掐住了我的虎口，我才恢复了过来，但由于刺激强烈，我又惊厥了好几次，还好老师在我身边。不过，从那以后，崩溃、失控的感觉，就像噩梦困扰着我。

后来我发展到了自己吓唬自己的程度。有一次单位歌咏比赛，我一直担心自己在大合唱的时候会失控乱喊，结果上台后由于过度紧张这种想法愈发强烈，在别人都认真唱歌的时候我濒临崩溃，只好死死地掐住自己的虎口穴位，才逐渐安静下来。外界的刺激和自己吓唬自己的感觉几乎完全一样，我困扰于这样的感受，但又难以摆脱。

我小时候身体不好，在那个贫困的年代，母亲总是把最好的东西给我吃，甚至让我一个人独享昂贵的黄桃罐头。我生病的时候，她温柔的面容是世界上最治愈的画面。但是，正是因为母亲太爱我了，她时刻担心我因淘气丢了性命、因弱小而受委屈，所以除了各种吓唬外，还伴有包办式教育。我上小学的时候，班主任老师让我给邻居阿姨捎句话，回家放下书包，我准备到隔壁阿姨家转述，而母亲却质疑地问："你会说吗？你能说好吗？"我一下子开始怀疑自我了，我能行吗？于是我说："妈妈你去告诉阿姨吧。"这件事我记忆深刻，因为我当时感觉母亲是如此体贴我。后来，凡有类似的事，母亲总是代劳。

伴随母亲充满了“恐吓”的爱，父亲则是通过呵斥表达爱的。父亲很少跟我交流，更谈不上长篇大论的教育，他基本上都是几个字几个字的表达，并且这些字词多数都是严厉而霸气的。在父亲面前我总是哆哆嗦嗦的，总怕自己犯错挨骂。

在母亲的恐吓和父亲的呵斥下，我终于变成了乖乖仔，甚至有些沉默寡言。有一年我被评为三好学生，要在全班同学面前发言，我精心准备了发言稿，可是发言的时候念着念着突然感觉越来越费劲，我挣扎着，费力地将发言完成了，但那次我深深地体会到了语言障碍，心生恐惧。那次发言结束后，我不断地回忆那种感受，甚至每个词每个字，反复地在心里琢磨为什么当时读不出来，然后开始体验这种感觉，并怀疑自己是否生理出了问题。

久而久之，我对语言产生了恐惧，我只和母亲交流，很少和父亲说话，逃避和陌生人说话，更不会在公开场合发言，我的语言表达被限制在最亲近的人之中了。但人际交往是无法避免的，于是我只能找各种理由逃避。最难熬的是家里来客人时，父母让我打招呼，我却如坐针毡，很快便找个理由回到自己的房间，然后又对自己的行为懊恼不已。这是怎样的心理折磨？类似这样的经历数不胜数，痛苦不堪。大学毕业后工作了，本来就对陌生环境和陌生人恐惧的我，对工作兢兢业业，希望通过努力获得别人的认可。有一次部门开小会，让我做个发言，我紧张得一句话都说不出，灰头土脸，无地自容。之后所有的公开讲话我都会逃避，实在逃不掉时基本上都是大脑一片空白，卡顿得一塌糊涂，再看看众人的目光，不是惊讶就是同情。我感觉自己哪里都好，怎么就是说话不行呢？于是参加各种口才培训班，因为接触到很多和自己一样的人，同样的处境使大家能敞开心扉，产生一些效果，但这毕竟是暂时的，一旦离开这个环境，很快又回到从前。

外界受阻以及恐惧反而让自己向自我寻求庇护！我曾怀疑自己身体出了问题，如呼吸系统甚至精神系统的疾病，于是开始各种身体检查。因为语言障碍常伴随呼吸困难，进一步加剧恐慌，这一切发展到对全身器官的怀疑，但最后也未找到答案。直到有一天遇到了心理专家。

我现在了解到，父母无论怎么爱孩子，都难免因为所处年代、社会环境、家庭背景、知识结构等因素而产生教育方式的差异，错误的方法有时恰恰源于最深的爱。

一、任何关系都是童年关系的投射

著名的奥地利心理学家阿尔弗蕾德·阿德勒说过："幸运的人一生都被童年治愈，不幸的人一生都在治愈童年。"我想对于大多数人来讲，没有完美的童年，也没有完全丑恶的童年。我们用童年所获得的能量哺育一生，而同时我们又在不断地心理成长中弥补童年的缺失。回忆起童年，往往是夹杂着爱恨情仇。就像我们读完 A 的人生故事所体会到的那样。

我的另一位咨询亲子关系的案主所以处理不好与孩子的关系。因为他描述情况的时候用词十分谨慎，对于父母的干涉往往用"关心""爱护"等词来表达。"大多数人对自己的孩子除了爱之外也会带着恨，对自己的父母也是同样。"当我说到这句话时，他突然两眼放光地看着我，不可置信地问："您说什么？您再说一遍？"当我重复这句话之后，他忽然拍巴掌说道："说得太好了，太对了。只是我不敢说出来，我总觉得这种话说出来是不孝的，太内疚了。"

父母和孩子之间的爱，往往是被赞美的。然而我们对于父母的“恨”则常常被道德感所压制。然而就像 A 的情况，一个人无论多么爱父母，或多或少都会有一些不好的回忆。这种回忆恰恰是自我修复的开始，我们务必要找到自己心理创伤的根源。愿意直面自己内心的困惑和恨意，去改变与修复，这正是更深沉的爱的力量。就像 A 所说，这一切恰恰是源于爱，一种深沉的爱。

因此在这里你可以带着自己的社交与公开讲话问题回溯到自己的童年，我们再去感受童年中的好父母和坏父母。前面的内容中，我几次提到了好妈妈坏妈妈理论。这里所说的好妈妈坏妈妈并不是道德意义上的好坏，而完全出于一个孩子的自我感受。

著名的心理学家温尼科特认为，足够好的妈妈需具备以下几个特点：

1. 原始母爱贯注

我的一位艺术家朋友和我谈到他的童年，说他永远记得他小时候画画时母亲专注看着他的眼神。他说：“我看到现在很多家长一边陪伴孩子一边干着自己的事情，例如玩手机，当孩子叫他的时候就敷衍地说一句真棒，这不会给孩子内心真正良好的体验。”这位朋友记忆中的这种被妈妈注视的感觉，正是支持他最后成为艺术家的内心力量。温尼科特称之为原始母爱贯注。简单地说，是母亲把那份原始的母爱传递给孩子。这种母爱里带着深深的无条件的爱与接纳。不止眼神，母亲的一举一动都在传递着这种原始的母爱。当孩子感受到这份母爱他就会觉得自己是好的、值得被爱的，妈妈也是好的，是爱他的。这种爱的确能给我们内在深深的力量，让我们长大之后也充满自信。我们会带着这份自信去社交，当众发言中即使说错了，也只会把错误停留在错误本身，而不深入追究。这样我们就能轻松地修复错误，而不会因为它否定自己。

这里我们可以再次品味温尼科特那句话：自卑感貌似都是因某种条件而自卑，但其实所有的自卑都是在爱面前的自卑，每个人第一个最想要的都是母爱。

因此你不是在听众面前自卑，不是在领导面前自卑，不是在陌生人面前自卑，而是在爱面前自卑。这份自卑是你内心感觉自己不被认可，不值得被爱投射。

2. 满足孩子主观全能感

之前我提到过孩子在刚刚出生的时候处于全能自恋期，会认为自己是无所不能的，只要动一动念头世界就会围着自己转。而这个时候如果妈妈能够满足孩子的全能感，孩子则会感到深深的自信，或许这份自信也带着自大的成分，但随着年龄的增长，孩子会了解到并不是自己的念头改变了这个世界，而是旁边有一个好的妈妈。

在孩子仍然处于全能自恋期时，会把身边的一切当作自己的器官支配，并且在任何时候，尤其是不满意的时候去任意攻击周围人或物。温尼科特把这种现象称之为客体使用，也就是孩子把周围包括妈妈的一切都当作自己的一个物件使用，也可以随意地破坏、攻击。一个好妈妈会承受这种被使用、被攻击产生的情绪，仍然持续地给孩子母爱贯注。坏妈妈则使孩子潜意识产生被报复感，或者感觉自己有些行为和想法是不对的，必须听妈妈的，不然就会被惩罚。这样的孩子很容易学会把自己的感受放一旁，时刻观察妈妈的脸色，夹着尾巴做人。孩子的内心被妈妈的需求占据，而自我被迫处在非常拥挤的空间，甚至感受不到真实的自己。长大之后则会在人际关系中表现出过度配合，过分在意别人感受和态度的行为，即我之前所说的“假自我”。自恋期没有被满足的人，长大之后的另一种表现是在某些关系中想要任意支配对方，以弥补自己童年的不足，这种行为往往会破坏这段关系，反而加深自卑感与不擅长社交的体验。

3. 给孩子抱持性环境

温尼科特提出的最广为人知的概念是“足够好的妈妈”。“抱持”是他提出的另一个重要概念。抱持不仅仅指身体的拥抱，还是借母亲温柔怀抱婴儿的那种状态来形容一个好妈妈对待孩子的整体态度。在这种环境下长大的孩子，会觉得整个世界都是温柔的、没有敌意的、对自己充满接纳的。反之，则不仅会有公开讲话的问题，甚至在任何陌生场合都会把幻想中的恐惧和敌意投射到周围。

4. 镜映的功能

足够好的妈妈还有一个很重要的作用就是镜映功能。妈妈就像一面镜子，映照孩子。当孩子对妈妈微笑，妈妈也对孩子微笑；当孩子不高兴，妈妈会表现出担心……这种回应让婴儿看到妈妈的脸，他可以在母亲的表情中看到自己，看到自己的感觉。在温尼科特看来，如果孩子不被母亲看到，就不能感到自己的存在，其真实自体会被隐蔽。足够好的母亲的作用就是将婴儿自己还给婴儿。

如果妈妈心不在焉或者困在自己的情绪里，那么她是不能及时准确地对孩子的情感需求进行回应的，她表达出来的全是她自己的感受。此时，婴儿看到的只能是妈妈自己，被迫去感知、体会妈妈的心情，而不是自己的感受。就像我在网上看到的一句话：一个有着抑郁母亲的孩子，有一个永远也无法完成的任务，就是应付母亲的心情。

温尼科特就是一个有着抑郁母亲的孩子，他的妈妈无力容纳、抱持他。温尼科特有一首名为《那棵树》的诗，部分内容为：

……妈妈总在哭泣，哭泣，于是我知道了她

有一次，躺在她的腿上，就像现在躺在死去的树上一样

我学会了使她微笑，抑制她的眼泪，免去她的罪过，治愈她内部的死亡

我的生活就是为了激活她的生活

从这首诗我们不但能够感受到孩子对妈妈的爱，也能够感受到孩子对一个“坏妈妈”的“恨”。失去自我的人就像是死掉的人，像是僵尸，他们内部充满了死亡与恐惧的能量。

孩子判断好妈妈与坏妈妈的标准是原始的，当妈妈能够完全满足自己，并让自己感觉被爱时，就是一个好妈妈，反之则是一个坏妈妈。孩子会从潜意识最深处产生出对妈妈的不满与恨。然而随着我们的社会化，这种恨会带上一种深深的愧疚感。于是我们内心的不满与恨意被压制了，这种被隐藏的恨意让我们没办法找到问题的根源，更让我们本该充满爱的生命活力转化成了恐惧与敌意。与其说我们的恐惧与敌意是坏妈妈带来的，不如说来自于我们自己的心底。

也许之前你没有接触过好妈妈与坏妈妈的理论，你不清楚这一切为什么，你的自我保护机制为了给你内心一个合理的解释，会把心里的敌意与恐惧投射到外界。就好像小孩儿绊了一跤就去打地面，因为你原始的心智必须要找出让我们不舒服的罪魁祸首。这时也许你会认为你在公开讲话时的那些听众是不好的，是对自己有敌意的；社交时那些陌生人是不好的，是对自己有敌意的；自己也是不好的，是不应该被爱、被关注的。

当负面信念越来越深，你又不能察觉到自己内心真正根源的时候，就会怀疑自己身体不够好，这就是疑心病的开始。疑心病也是一种保护机制，可以给我们一种合理化的解释。不仅是公开讲话与社交恐惧者容易怀疑自己的喉咙等呼吸系统有病，很多心理病人都会产生这种情况。我曾有一个无法上学的学生个案，一开始他对家长说自己头疼，后来又变成胃疼，再后来变成握笔的手疼，就像家长所说的，“他好像自己想哪疼哪就疼。”于是家长觉得不对，就把孩子送到了我这里。

二、吓倒我们的是自己的心魔

A 小的时候很怕鬼，他认为这是母亲从小吓唬他导致的。而他在玻璃窗中看到自己并误认为那是鬼，这正说明了鬼来自于他自己的内心。这个鬼正是他内心恐惧感的投射，加上妈妈的推波助澜，鬼便形成了。

在生活中我们也可以看到很多怕鬼的现象。就像我刚才所说，当我们内心的恐惧与敌意无法被解释，我们便会把它投射到外界，认为外界对我们是有敌意的，是令人恐惧的。而当我们不能把这份投射很好地找到一个对象时，便会借助幻想中的对象来投射，这幻想中的对象往往是可怕的鬼，其实是我们的心魔。

也许由于客观条件限制，也许出于自身心理原因，多数母亲做不到时刻陪护和关注孩子，出于对孩子安全的考虑，部分母亲编造出鬼的故事，恐吓住孩子，她们认为这是保护孩子最省力的方法。从催眠的角度讲，少儿处于想象力发达、潜意识开放的高暗示性状态，于是 A 很快记住了这种崩溃的感觉，并不断地自我放大这种恐惧。当他站在公开讲话的台上，呈现头脑空白、内心崩溃的状态，正是他被自己心魔控制的结果。

三、阻止你社交的是一个全能妈妈

从小的不良客体互动给 A 带来内心的深深恐惧，而与此相呼应的是他还有一个全能的妈妈。这里说的全能妈妈并不是一个好妈妈，而是一个包办代替的妈妈。有一句话说得好，母爱之所以伟大，因为母亲自始至终有一个重要的工作，就是让孩子长大成人并慢慢离开自己。然而全能的妈妈包办孩子的一切，实际上是阉割了孩子的成长。当 A 要给邻居阿姨传话的时候，本来心里是坦然的，却在妈妈的质疑中开始自我怀疑，加上之前那些不良互动，最终就像 A 自己所说，他的语言能力被限制在最亲近的人这个范围之内了。“限制”一词用得十分好。

为什么坏妈妈会这样做？因为她自己的内心没有安全感，不够完整，内心没有安全感的妈妈自身就是焦虑的，接受度狭窄的她会把这种信念传递给孩子，不许孩子超出自己想象中的安全范围，孩子能固守成规就好。因此孩子的行为经常都是被限制甚至禁止的，不能这样、不能那样，就是禁止型妈妈的口头禅。

因为自我不够完整，全能妈妈还容易产生两种现象：

1. 潜意识不允许孩子离开自己

我曾经有一个高中生个案，他因为社交障碍而不能去学校。他对我说，从小他的妈妈就一直干涉他交友，直到他上高中。他所交的所有朋友妈妈都会单独和他们甚至他们的父母取得联系，指导他们怎么去和他交往，而对于那些她持有偏见的朋友则会禁止他们交往。这种包办代替式的母爱导致这位学生无法按自己的方式社交，没有机会得到社交练习，更无法形成真正属于自己的朋友圈，最后出现社交障碍。

限制孩子社交的妈妈在我的个案中不在少数，她们潜意识的行为就是把孩子留在自己的身边，让孩子只属于自己。显然很多家长“成功”了，他们的孩子无法再去社交甚至上学。家长限制孩子离开自己的方法有很多，破坏孩子的社交是最常见的一种。

我还接触过一个更极端的个案。他是一位四十多岁的中年男人，仍然和妈妈住在一起，还睡在同一张床上，盖同一床被子。找到我的是他的女朋友，而这他的上一次婚姻也是被他妈妈破坏的。这是恋子情结导致的更严重的控制，不但破坏了孩子的社交关系，连亲密关系也破坏了。恋子的本质并不是爱孩子，而是依恋孩子，是不让孩子离开自己以便和孩子共生。

2. 代替孩子去生活并做选择

不允许孩子离开自己的妈妈，是因为她自己不够完整并无力改变自己，必须和孩子共生在一起，要在孩子身上重新活出一遍自己。我们可以看到很多家长把自己的理想、自己的方式、自己的选择全都强加给孩子，这时候被全部包办的孩子就丧失了自我，更不要提怎么社交了。

关于亲子互动的话题还有很多，在本书中我不再赘述，如果有兴趣可以阅读我的《简易催眠术》。

【管玲结语】

随着学习，我们已经一步步地抽丝剥茧，或许离你希望的在公众讲话中顺利表达还相差甚远，但却离你的心越来越近。想要发自内心地做出改变，就要更深刻地去关照自己的感觉、自己的内心，为自己而活。

王阳明说：我心之外，再无他法。

第七讲

自我催眠解决社交问题

我感觉惧怕公开讲话是紧张所致，过度的紧张使讲话者失常，虽然每个人表现会不同，但基本上会脸红、心跳加速、颤抖、出汗、语无伦次，最严重的会大脑空白，无法正常思维。当然，就像老师分析的那样，这一切似乎都是童年创伤引起的。但是我感觉，即使通过老师的分析找到了童年创伤的根源，也未必就能自然痊愈，而催眠则是治愈精神创伤的有效手段。我感觉催眠的精髓就是能让患者深度放松，在深度放松中，看到潜意识中的自我，在深度放松中体验到自我的意志，不再被紧张胁迫，从而体会到放松所带来的自信。

我身体各部分的感觉是……

我头脑中的思绪是……

我心里的感觉是……

第七讲

自我催眠解决社交问题

以上是我一个催眠个案中谈到的感受。前面的六讲我们已经学习了很多心理学知识，相信结合自己的体验你已经有了很多感悟。有的朋友看到通过催眠得到治疗的案例之后，对此方法跃跃欲试，或者已经用我的催眠词进行过尝试。下面我就要结合催眠的理论帮助你实际练习，让你也能像书中那些案例一样，学会放松，学会接纳自己的各种情绪，慢慢达成你心之所想。

一、催眠察觉你的潜意识

心理学有很多流派，传统流派有精神分析、家庭治疗等；后现代流派有叙事疗法、焦点疗法等。大多数心理学流派都是靠语言谈话做工作，还有一些流派会靠其他方式，比如绘画、舞动身体等。催眠也属于心理学的一个流派，很多人会认为这个流派很特殊，是神秘而不同的。其实催眠和其他流派最大的不同是在“里面”做工作，这里所说的里面，是指个体通过催眠师的技术引导让自己完全聚焦于内部的感知，如果觉得没必要或者没准备好，个体的感知甚至可以不告诉催眠师。

个体在催眠状态下能感知到什么呢？心理学称之为潜意识。

【学点知识】

潜意识是人类心理活动中未被觉察的部分，是人们“已经发生但并未达到意识状态的心理活动过程”，其与意识共同构成人类所有的心理活动和认知活动。

我们无法觉察潜意识，但它影响意识体验的方式却是最基本的。我们如何看待自己和他人，如何看待生活中的日常活动，我们做出的关乎生死的快速判断和决定能力，以及我们本能体验中所采取的行动，都深深地受潜意识的影响。潜意识所完成的工作是人类生存和进化过程中不可或缺的一部分。它包括原始本能、冲动、童年心理印记、环境熏陶、观念、习惯、人格等一系列因素。

简单地说，潜意识就是我们的内部心理动态已经发生但没有意识到的那部分。

有一位患者来找我治疗人际交往的问题。她说她内心渴望交往，但总是处理不好关系，好不容易交到的朋友，时间不长就不再和她联系了。我请她列出交往过的一些朋友，逐一讲述交往过程，以及之后如何失去他们的。在探索中她发现了一些共性，她注意到一旦她能感受到对方把她当朋友，她就要在这份感情中“作一作”。她说：“我的这些朋友似乎都说过同样的话，我特别知道怎么激怒他们。一开始他们还能来哄我，久而久之他们可能都受不了我的脾气了吧。”当我问她为什么一方面渴望稳定的友情，而另一方面又要去“作”呢？她皱着眉摇摇头。于是，我对她进行了催眠。催眠中她的脑海里出现了小时候和爸爸妈妈相处的画面。原来，小时候她的父母非常忙，家里也不止一个孩子，为了引起父母的注意，她必须要闯一些祸刺激一下父母。她把这种潜在的模式带入了现在的关系中，可能一时引起了另一方的注意，但最终却让别人无法忍受而致使关系失败。

通过上面的案例，我们可以看到潜意识力量有多么强大，它会让我们在无形中重复着某种模式或产生某种行为。我们催眠师要做的工作就是用一些语言和技术，引导案主进入催眠状态或称潜意识状态，让其在放松的情况下，有能力去面对自己刻意压抑住未察觉的东西。当他在催眠中把潜意识意识化，也就是对潜意识有所察觉，便有了选择。那么如何运用催眠技术在潜意识解决问题呢？让我们一起往下看。

二、在催眠中感知你的心、身、脑

在催眠中我们可以从三个方面去感受自己的潜意识，分别是：心、身、脑。心，即指心里的感受、情绪；身，即指身体反应；脑，即指头脑中的想法、思维。

一想到公开讲话我就心里发毛、双腿发软，不知所措。尽管不断给自己鼓劲，暗示自己一定能行，不要紧张，但多次的失败告诉自己这些都没用，真有种喘不过气的感觉。

从上面这位个案主的自述，我们可以看出他的反应包括心、身、脑三部分。心里发毛，感觉到无形的压力随时向自己袭来，信心尽失等；身体的反应是双腿发软、神色恍惚、语无伦次、喘不过气；他用头脑中的信念给自己鼓励，但头脑中又不断地想起曾经的失败画面。

之前我提到过原始反应这个词，也就是我们人作为动物有一种本能，在感觉不安全的情况下会产生一种自我保护的反应。这种反应便来自于我前文所说的潜意识。它往往是我们本能的第一反应，不受意识控制，甚至还没有察觉到就已经发生了。心理学也把它叫作防御机制。当你在公开讲话或社交时感觉不安全和不擅长时，这种原始反应就开启了。就像刚才的例子一样，尽管案主不想产生这样的原始反应，不断地劝慰自己，但反应就在那一刻不自觉地发生了，并且从心、身、脑这三个方面表现出来，心里发毛、双腿发软等反应都属于这位个案原始本能的反应。

在催眠中，我们要察觉身、心、脑的原始反应，这种觉察也是一种能力。我们会在催眠放松的情况下反复去练习，久而久之在生活中你便多了一份觉察的能力，当你面临压力和紧张情绪的时候，你就可以对自己有所察觉，就像我之前所说，有察觉你就有了选择，而不是受莫名其妙的力量驱使。同时，如果我们在察觉到自己原始反应的过程中，仍然能运用催眠中的放松感，你就学会了让放松的状态和原始反应并存，甚至有能力去改善这种原始反应。

了解到我们的原始反应，就是我们解决问题的开始。现在就让我们开始练习。

【第三阶段自我催眠练习】

现在请你按以往练习的方式让自己安定下来。

慢慢进入到以往自我催眠中放松的状态。

可能在之前不断的练习中你已经越来越熟悉催眠中的感觉。

那么你就会允许这种过往经验慢慢地出现。

去感觉身体越来越放松。

你知道你不会刻意用头脑去要求自己。

你会尊重自己个人的感觉。

心里的感觉。

身体的感觉。

你也会察觉到自己头脑中的想法。

这一切你都不需要做刻意的改变，只需要保持察觉。

此时此刻你会开始把注意力集中到你的呼吸。

就好像你的呼吸是漂泊河流中使你安定的锚，把你安定在这里。

去感受此时此刻呼吸的深浅、频率，但不需要做任何刻意的改变。

因为你要相信你身体的本能。

当你给自己足够的关注和时间，你的本能会带你进入到自然放松的状态。

就像此时此刻。

或许这需要一个过程。

这就是你个人的节奏。

你会完全按自我的节奏走，去聆听自己身体的节奏。

因为你就是你。

你就在这里。

现在请你做有指向性的进一步觉察。

请你感受一下此时此刻的心情或心里的感觉。

如果用几个形容词形容一下此时此刻心里的感受，你会察觉到什么呢？

现在你去感受一下身体各个部分，看看哪个部分有特殊的感觉。

比如说肩膀酸？胸闷？

现在请你去感受一下头脑中的想法。

你是否在刚才的过程中有过分心或出现过什么样的

信念?

你能捕捉到这些信念吗?

很好，可能你已经注意到，在刚才的过程中我们从心、身、脑三部分已经做了感知。

我们所有感知到的目前不需要做刻意的改变。

此时此刻你只需要轻柔地把注意力再次回到自己的呼吸。

让自己的呼吸带动你更深地放松。

做得非常好。

更深地放松。

此时此刻你会单纯地就这样与放松相处一分钟。

（一分钟后睁开眼睛，催眠结束。）

我们可以注意到第三阶段的催眠练习，用到了一些我们以往的经验。我们的催眠练习，从第一阶段到现在是循序渐进的一个过程。要注意的仍然是把速度放慢，让每一句催眠词带你去好好体会自己的感觉。

我自己也经常会自我催眠。由于我个人经验比较丰富，我的自我催眠通常在半小时到一小时的时间。这个过程中我经常也能察觉到自己会分心；有时候也会觉得心里烦或有各种各样的情绪；还有时能察觉到自己身体的一些感觉反应，这都是正常的。当在催眠中察觉到一些情况的时候，不需要给自己贴一个标签或做出评判，也不需要刻意地要求自己马上改变，甚至出现较劲的情况。只需要让自己慢慢放松，学会察觉自我反应，并且在这种情况下仍然能放松下来，这便是一种能力。久而久之你也能学会在公开讲话和社交中自我放松，或与各种反应并存，减少这种反应对自己的影响。

为了解决公开讲话紧张的问题，我尝试过很多语言类培训，做过很多次心理咨询，均失败后就死马当活马医，尝试一下催眠吧。上网一查，催眠师太多了，究竟哪个是真哪个是假？哪个对我有用呢？后来在网上偶然发现一本书，名字叫《我是催眠师》，买回来之后我反复读了两遍，感觉作者说得太好了，于是就打电话约了 10 次的催眠课程。说实话，当时也是半信半疑。

催眠治疗 1 个小时，分 2 个部分，前 20 分钟是和老师聊天，老师问一些问题，也可以问老师问题，接下来的 40

分钟就是催眠了。头一两次催眠基本上没什么特别的感觉，只感觉很舒服，可能是因为过于放松，有时候竟睡着了。接下来的几次慢慢有了一点放松的感觉，逐渐能把自己和外界区分开，正如老师暗示的，现在外面的声音你都能听到，但这些都和你无关。我第一次感受到自我的存在，而且是那样强烈。催眠进行到第七次的时候，我基本上能够强烈体验到放松的感觉，那感觉是从大脑开始的，或者说是神经的放松，整个人一下子松弛了，尤其感到了整个腹部的松弛。之后我大哭了一场，哭了很久，哭后感觉整个人变化了，原来紧张的我感觉到了从来没有过的舒服。在回家的路上，天比往常要蓝，树比往常要绿，街上的行人也比往常要友好和善！

以上是一位个案案主催眠后的自述。相信智慧的你在多次的自我催眠和努力下也能找到这种感觉，并且学会把催眠中放松的体验带入到生活中，带入到你需要的时刻。为了让大家的自我催眠效果也同样好，之后我还会告诉大家进一步处理的方法，咱们可以一步一步来。

三、不同的原始反应

脑、心、身这三个层面在有的心理学流派也被称为认知、情感和行为。脑大体对应认知，也就是我们头脑中的信念和想法；心大体对应情感，是我们的感受、感觉；身体大体对应行为、身体感觉以及付诸的行动。这三者之间有紧密的联系和相互的影响。

在生活中我们可以观察到，面对同样的事件，不同人有不同的认知和态度。比如对于公开讲话，有人会觉得是展示自己的机会，有人则如临大敌。我有一位个案案主是部队里的团长，有一次因一个严重的错误，上级让他在几千名官兵面前做自我批评。他心里非常难受，觉得很丢面子，于是找到我。在催眠中我发现他是一个喜欢在认知层面做工作的人。于是我们就从认知层面入手，一起分析发现，这件事情已经既定，无法改变，但反过来想也是让几千官兵了解他，包括他的发言水平、个人风采的一个机会。这样想之后，他感觉好了许多。这就是不同的认知造成不同情绪的例子。

内心充满正面情绪时，我们的行为态度也会更自信坦然；而充满负面情绪或紧张恐惧时，很多人的身体也会不自觉地产生反应。为什么当我们情绪不好，很多医生会建议我们去运动或者走出门散散心？这便是通过身体来影响我们的情绪和认知。

我有一个群是专门督导我的催眠师学生的，有一次我看到他们讨论抑郁症的患者应该推荐他看什么书。学生们推荐了各种各样的书，这时候，有一个学生跳出来喊:“都抑郁症了，还看什么书啊，赶紧出去晒晒太阳，散散步吧！”我的这位催眠师学生是一位经验丰富的精神科医生，他的这句话真是一语中的。用身体的行为影响并调节内在情绪，大多时候是很有效的。

当我们沉浸在消极情绪里的时候，往往会不断产生负面的信念，“我这次讲得太差了，大家一定觉得我是很差劲的人”“我连说话都说不好，我是一个没用的人”……这种负面的信念又加重了消极情绪，造成恶性循环。

这就是认知、情感、行为三者之间的相互影响，或者说是脑、心、身的相互影响。正因为这三者之间的紧密联系，在催眠中我们不管从哪个层面入手，都可以对整体状态进行改善。

第七讲

自我催眠解决社交问题

不同的人在催眠中对于脑、心、身的感知会有不同，或者有人更容易感知到其中一个层面。在生活中不同的人在这三个层面的反应以及顺序也是不一样的。

有一类人面对一件事情会率先付诸行动，也就是先有身体反应。催眠流派将这种情况称为躯体性人格。躯体性人格的人会更倾向于用自己的身体和行动来缓解内部的情绪。比如说我们看到一些人紧张的时候喜欢走来走去，不自觉地抖腿或者面红耳赤、身体僵硬等。这种特性主导的人很多时候行动力强，但有时候我们会说他做事“不过脑子”、慌里慌张。这里所谓的慌里慌张，正是他外部身体行动上的表现。

还有一类人会思考先于行动，催眠流派把这种情况直接从英文翻译成情绪性人格，但我认为这种中文翻译不太便于理解。这类人和躯体型人格相反，当他们内心产生情绪压力的时候，会用不断的思考试图想出解决的方案或缓解压力。这样的人我称之为“闷骚”。外表宠辱不惊，其实内心波涛汹涌。

除此之外还有一种类型叫隔离型。这类人长期处于压力的情况下，防御机制为了保护自己，就开始隔离的模式，让他自己感受不到自我的情绪。不同于情绪性人格，这类人很难感知到自己的情绪。如果在催眠状态中问这类人心里的感觉，他们往往体会不到。

上述这些反应模式不是绝对的，有可能你在某些情况下会开启其中一种反应模式，而另外的情况下开启另一种模式，也有可能会同时开启几种甚至夹杂出现。一个人能用不同的状态面对不同的事情，叫作“细化”或“分化”，是一种心理品质高的表现。反之，如果用一种状态面对所有事情，叫做“僵化”，是一种心理品质低的表现。我有一个朋友羽毛球打得特别好，有一次我和他聊起来，他告诉我：“打羽毛球不是你脑子里想的，而是你在反复练习中的一种身体反射，在医学上叫作脊柱反射。如果等对方的球来了，你再想一想怎么打，那怎么来得及呀！”我在网上查了一下医学的资料，确实有脊柱反射一说，有理论认为脊柱反射是身体的一种直接反应，是不经过大脑的。我和这位朋友十分熟识，他在工作中十分沉稳，做每一件事情都是深思熟虑再采取行动，因此职位做得也很高。

这就是一位能把身体先行与思考先行处理得很好的例子。

该用脑子的时候不用脑子，任身体下意识地做出反应以及不当的行为；应该大胆行动的事情却思考过多阻碍了自己的步伐，则是反例。

【管玲结语】

如果你察觉到自己偏重于哪种模式，或不利于处理当下的情况，就可以有察觉地去改变。更可以在催眠中主动调整，这正是催眠的作用。有人问我，如何在催眠中更主动地调节自己这些模式，处理紧张、发抖这些原始反应呢？这便是我下一讲马上要分享的。

第八讲

从心、身、脑三个层面自我调节

一、意识与潜意识的冲突

随着社会发展，物质、精神愈发丰富，人类群体的社会规则越完善也越复杂，人们有了更多的信息、更多的体验、更多元化的观点，迫使我们人脑这台处理器，也就是我们的意识更快速地运转。就像前文所说，心理学称这种发展与进步叫做“社会化”。在意识层面，我们主动或被迫跟上时代的脚步，而潜意识本能的部分却不这样想。

心理学认为，意识和潜意识两部分组成了我们整个心理品质。意识就是你能认识到的那部分，其中包括我们社会化的过程中学习到的那些社会规则。打个比方，你的意识就像

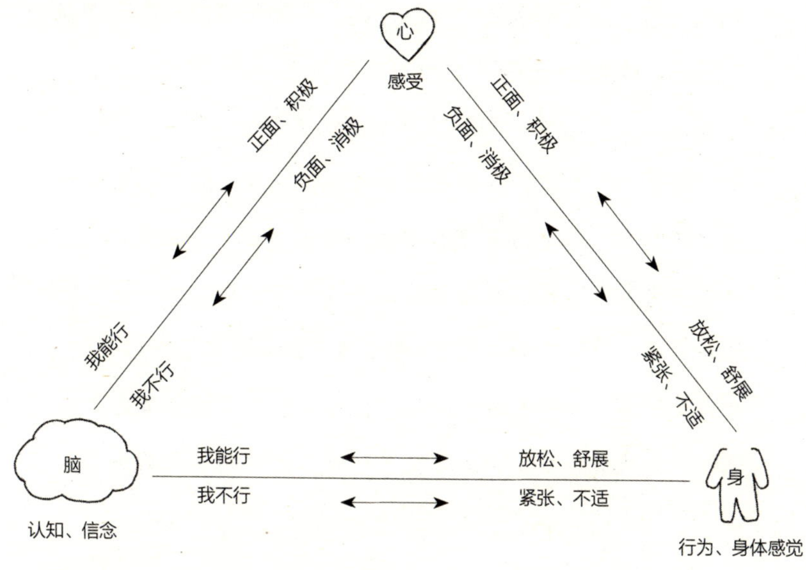
心
感受
正面、积极
负面、消极
正面、积极
负面、消极
我能行
我不行
放松、舒展
紧张、不适
脑
认知、信念
我能行
我不行
放松、舒展
紧张、不适
身
行为、身体感觉

个完美理智的导师，一直在帮你解读世界，并且告诉你应该怎么做。而潜意识就像我在第七讲所说，是我们意识不到、不自觉地就会产生的一些东西。潜意识部分不是靠我们的头脑去思索、分析得来的，而是由内心需要产生的，属于本能的部分。精神分析也把它称作“本我”。

我从小到大就是一个不怎么爱说话的人，我自己也挺享受这种状态，不觉得有什么问题。大学毕业之后我找了一个办公室文员的工作，就是觉得这个工作不用跟人打交道，挺适合我的。谁知道我干得还不错，很快就提升成了部门领导，经常要开会。我心里真是不想开会，但在这个职位上怎么办呢？只能硬着头皮上，太难受了！我已经考虑要不要换个工作了。

我微博里这位朋友的留言可以反映出他头脑与内心，或者说意识与潜意识的斗争。他自己的内心不愿意和别人打交道，也享受这种状态；但头脑中又知道必须去和别人打交道。这时他的心理开始纠结，并产生冲突，厌烦、难受等情绪便

潜意识
意识

随之产生了。

这种意识和潜意识的冲突肯定不止发生在这一个例子中，对于我们也是一样。这种冲突大多出现在社交场合，也就是“做自己”与客观或幻想中的社会要求之间的冲突。比如：当你被老板大骂一顿，你心里想还击，意识却敢怒不敢言的时候；当你在春节的聚会上被亲戚催婚嘴上还要敷衍的时候，你的意识与潜意识也在冲突着。这时情绪和应激反应都会随之产生，并且通过心、身、脑这三个层面表现出来。

在之前三个阶段的自我催眠练习中，或许你已经察觉到自己心、身、脑的各种反应，现在我就来教大家如何调节这三方面的反应，在你需要的场合化解你的内在冲突。

二、心——催眠中心理感受的自我调节

很多人喜欢在思维层面做工作，喜欢通过想出办法来解决问题，我们从小到大受到的教育也让我们习惯于像考试一样的思维。但随着对世界理解的加深，我们发现有很多问题没有办法仅仅通过思考来解决。就像公开讲话，你也许在内心给自己讲了很多道理，也想出了一些实际应用的办法，但

仍然没办法消除内心的紧张与恐惧。催眠正是打开你多层次解决问题的大门。

如果你的情绪出现了问题，你可以在催眠中直接去调节自己的情绪。而不要问“我错在哪里？”“我该怎么办？”这里给你的方法正是自我调节情绪的方法，不是告诉你怎么做，也不是我们平时在思考层面能够得到的答案。所以请你打破以往一定要一个解决方案的思维模式，用你自己的感觉去调节内心感受。这需要一些经验，需要不断练习。当你通过练习越来越熟悉自我调节情绪的方法，就可以把它用在产生社交紧张的情况或任何时候。

觉察：如果你在催眠中察觉到你容易有各种情绪，比如烦躁、着急、郁闷……

思考：你需要反思，在公开讲话中是否容易着急、紧张？是否习惯压抑住情绪？你准备好处理这种情况了吗？

行动：如果你准备好了，你需要在催眠中做如下调整。

当你在催眠中察觉到自己的情绪，请你去体会这情绪里都包含了什么，用形容词来形容它。

如果给每种情绪打分数，满分是 10 分，没有情绪是 0 分，

此时此刻你体会到的各种情绪各打几分？

当你评估之后，就可以把注意力回到此时此刻，再次按之前学习的催眠流程继续放松。

你会带着这种情绪与它们并存，并且允许自己更深地放松。

催眠结束后请你再次测量：此时此刻觉察到的情绪打几分？

三、身——催眠中身体感觉的自我调节

当我们内心紧张或有其他情绪的时候，交感神经兴奋，身体也不由自主地处于警觉的状态或产生很多躯体的反应。这是我们动物的本能，以保证我们在危险的情况下身体准备好随时行动。

有一种疾病叫作心因性躯体疾病，也叫身心疾病，是指身体的各个器官都没有问题，但就是感觉不舒服。这种情况医学认为是心理原因引起的。肩膀酸痛、胸闷都是常见的心因性躯体疾病。这些心因性躯体疾病在专业领域都有各自的解读，如很多焦虑、高控制型的人容易头痛，习惯压抑自己情绪的人经常胃痛等。

第八讲

从心、身、脑三个层面自我调节

为什么我们会出现心因性躯体疾病？从心理学上讲，当我们面对压力或内心冲突的时候，首先产生的必然是内在情绪。但由于我们内在情绪一直被忽略或得不到满足，进而身体会出现反应，以更强烈的方式让我们能够接收到。因此一旦我们在催眠中接收到身体这种反应，甚至能和这种反应交流的话，身体的信号自然会减弱。同时我们还会在催眠过程中练习到如何主动放松自己的身体，并把这种身体放松的经验带入到社交与公开讲话中。更有智慧者在交流的过程中领悟到自己情绪与个性的问题，通过改善来治疗根本原因。

觉察：如果你察觉到在催眠中你的身体很不容易放松或有哪个部分不舒服，比如肩颈酸痛、胃胀胸闷或全身紧张。

思考：你需要反思，平时生活中有这种情况吗？是否已经去医院排除过器质性疾病？你在公开讲话中是否容易产生躯体反应？比如身体僵硬、脸红、不自觉地发抖？你准备好处理这种情况了吗？

行动：如果你准备好了，你需要在催眠中做如下调整。

当你在催眠中察觉到了自己的身体反应，你可以选择主动放松那个部位。

或单纯地允许这种感觉出现，让这种感觉随着催眠流程的深入自然放松下来。

也可以用刚才所教评测的方法给自己的感觉进行评估。10 分是最强烈的感觉，0 分是没有感觉，对比一下前后的分值。

如果经过多次练习，以上都不能帮助到你，请你跟我这样做：

在催眠中请你留出时间好好地去感觉你疼痛的那个位置。

自然而然地把这个部位、这种感觉想象出一幅画面。

在催眠状态下去感受一下这个画面对你意味着什么？画面是可交流的吗？

如果画面转化成了一个人或一个可交流的对象，他（它）是什么样子？

你的感觉是什么呢？你愿意和他交流吗？

他能和你交流吗？

如果可以，请你们做简短的交流，看看会出现什么样的答案。

如果你已经有能力在催眠中和你身体感受转化的潜意识意象进行交流，那么请你问问面前的画面，想对我表达些什么呢？

四、脑——催眠中思绪的自我调节

我们的认知、思维在很大程度上会帮助我们生活在这个世界上，然而有时候它也是干扰我们的东西。所谓的“胡思乱想”，说出了思维干扰生活的状态。就像我前文所说，认知情绪和行动是相互影响的，当我们情绪不好的时候，更容易胡思乱想。很多社交恐惧的人都会有这个习惯，一方面在头脑层面给自己不断地打气，另一方面又不由自主地胡思乱想：想到以往失败的经历，想到别人怎么看待自己，甚至会幻想出自己失败后需要面对的敌意，越想越紧张。下面的练习正是帮助我们能够专注于当下，避免头脑中的杂念影响自己。

觉察：如果你在催眠中察觉到你容易分神，胡思乱想……

思考：你需要反思，你在公开讲话中是否脑子里有“杂音”一直在评判自己、要求自己，或设想别人怎么想自己，

导致无法专注于眼前的谈话内容？你准备好处理这种情况了吗？

行动：如果你准备好了，你需要在催眠中做如下调整。

对自己头脑中的杂念保持觉察。

当你察觉到自己分心，请进一步觉察让自己分心的杂念到底是什么，自己能捕捉到这些念头吗？

这些下意识出现的念头是有必要的吗？

如果有必要，你可以选择继续察觉，看看会出现什么样的念头，让你流动的思维帮助到你。

如果没有必要，那么请你轻柔地回到此时此刻。

以你的呼吸为心锚，每次当你察觉到自己分心，只要回来就好。

不需要刻意要求自己全程保持专注，因为一旦提出这种要求，你的头脑可能会更不放松。

五、用催眠中的意象画面帮助调整社交恐惧

我们心、身、脑的反应从何而来？这些情绪是我们动物本能的自我保护，催眠中称之为战斗与逃跑反应。大家可以

感受一下自然界，动物遇到冲突的潜意识本能只有两种：打得过就打，打不过就跑。这些反应是为了保护自己安全地生活在世界上。

如我前文所说，我们人类面临实质性的安全问题已经远远低于其他动物，但人们总会提到一个词叫作“安全感”。为什么处在相对安全环境下的人类，也常常会说自己安全感不足？由此可见，人类所说的安全感更多的是一种心理体验。虽然大多数人无须再面对真正意义上的危险环境，但随着人类思维与认知的升级，我们对于安全的需要也随之升级，我们不再满足有吃有穿有睡就够，我们需要感受到我们适应我们所在的群体社会，我们在这个群体社会有自己的位置，这样才会感觉安全。社交恐惧正是还没有完全适应社会，或内心仍然不愿意适应社会的一种表现。安全感来源于内心，我们所面临的冲突也更多是精神上的冲突，当我们遇到冲突，本能就会向我们发送危险的信号，这时我们潜意识会保持警惕，这种下意识的警惕会让我们的交感神经保持一个高度紧张的状态，社交紧张由此产生。

社交问题除了引发之前所说的一系列情绪、身体问题外，

催　眠　状　态

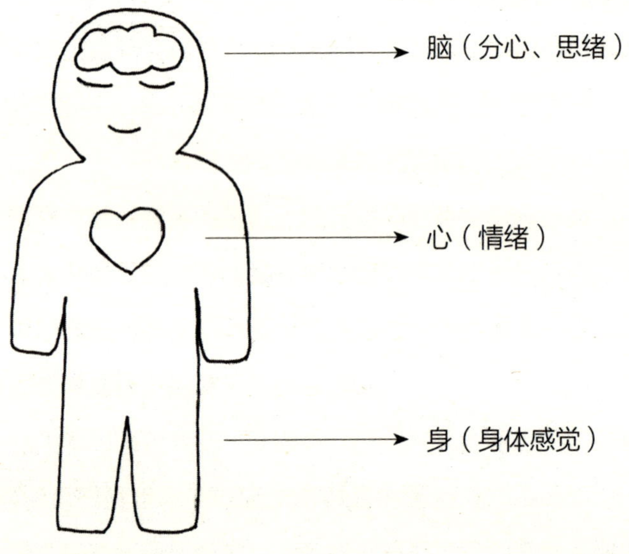

还会在你梦境中体现。通过之前的章节我们已经知道，人有意识和潜意识两个心理层面。内心冲突造成潜意识的情绪无形中被压抑下来。这时候，压抑下来的情绪通过梦来释放，这就解释了为什么梦会唤起人的很多情绪、情感反应，就好比噩梦惊醒那种恐惧的感觉还在，美梦可以让人非常享受。有时候梦经常会记忆模糊，那是因为在睡梦中我们的意识已经几乎不存在，这正是身体健康的表现。正因为我们的意识关闭，我们才会感觉头脑得到了放松和休息。白天的时候我们正交感神经兴奋，意识开启；而到了夜晚，副交感神经兴奋，意识关闭，这时候潜意识的感受没有了意识层面这个道德导师的压抑与约束，会更容易出现。像被人追赶时却跑不动、从高处坠落，或者是内急却找不到卫生间这样的梦，都有可能是你潜意识中压抑住的情绪的一种体现。

催眠正是通过催眠师引导语帮助来访者放松，从而达到意识与潜意识同时开放的状态，这种状态就类似于睡觉之前似睡非睡的状态，催眠中称之为恍惚状态。这时候很多人也会出现类似于梦境的状态，在催眠中叫作潜意识意象。很多朋友都看过《催眠大师》这部电影，我本人也很喜欢。电影里面很多画面都是被催眠后脑海中浮现的景象，这就是潜意识意象的画面。我的催眠治疗中经常会专门利用潜意识意象帮助个案自我认识和成长。

也许有一些朋友通过之前的自我催眠练习已经达到了一定的催眠深度，在催眠中看到了潜意识的意象画面，这是在催眠中不自觉生成的画面感。在催眠状态下意识能够察觉到自己心、身、脑的潜意识的反应，也能察觉到潜意识的情绪幻化成类似梦境的画面。这时如果你正在经历专业的一对一催眠，催眠师就可以引导你去解决潜意识画面中的矛盾冲突。和人交往的问题，会引导来访者在画面中回到交往的体验或面对特定的群体；童年或亲密关系问题，会让他在画面中和父母或爱人进行意象对话等。

一位来访者告诉我，他意识到自己在社交中特别在意别人的评价，他需要通过别人对他的评价来完成自我评价，一旦被人否定，他就会自我否定。因此他在社交中不断地讨好、配合他人，顺从别人的这种模式与他自己追求自我表达的需求产生了巨大的冲突，也让他觉得社交很累，不喜欢社交。这个讨好顺从型个案在催眠中看到了他姥姥。唤醒后他告诉我他想通了，他小时候总感觉外部环境是不安全的，感觉只有姥姥才能保护他，而他想获得姥姥的保护，只有顺从她。他把这种模式带到了成年，去顺从所有人来满足自己的安全感，结果反而失去了自我。我让这位个案在潜意识里用成人的理性思维与姥姥谈话，这时候个案便用成人的方式重新认识童年，建构了新的童年认识系统，从而得到了心灵上的成长，社交问题也随之改变。

催眠作为一个历史悠久的心理学学派还有许多专项处理方法，其中针对社交恐惧的处理方法就有很多，通过潜意识画面来解决社交恐惧以及一系列的心理问题，是专业催眠师常用的方法，如果有机会我们可以面对面交流。那么如果你在催眠中已经出现了潜意识画面，怎么能够自己稍作处理以帮助解决社交和公开讲话问题呢?

六、催眠处理潜意识意象

首先我要强调的是，我们要处理的潜意识意象是催眠中自动生成的画面与意象，如果你自己不是专业的催眠师，切勿自行引导生成意象。

如果你在前几阶段催眠练习中已经到了一定催眠深度，开始出现了一些画面感，那么请你试着这样做：

在这种放松的状态下好好去感受这个画面。

用几分钟的时间去感觉。

可以从这个画面的细节去感受：画面里出现的事物对于你来说意味着什么？

可以从画面给你的体验去感受：面对这个画面你有什么样的感觉？

你会允许这个画面是动态的。

也可以允许自己随时退出这个画面。

如果这个画面是可交流的，比如出现了一个人，那么他是谁的投射？

如果可以对他说一句话，你会说什么？

他听到了吗？

他回应你了吗？是怎么说的？

你们还可以再多交流吗？

【注意事项】

请保证整个过程不超过 10 分钟，如需要更深的催眠体验，一定要寻求专业催眠师的帮助。潜意识画面的处理已属于非常专业的催眠技术，我在《我是催眠师》一书中用整整一章谈到了潜意识意象的处理经验，我建议大家在进一步操作之前也能阅读这本书或者找专业人员处理。

【管玲结语】

催眠不是魔法，不是幻术，催眠是让我们回到身体内部，有意识地去察觉自己，包括自己的潜意识部分。或许你会发现，在催眠中的反应和你在社交中的反应是不一样的，也许你在公开讲话时非常紧张，但在催眠中却非常平静。这完全没有问题，你可以一次一次地让自己更熟悉这种平静的体验，同时只针对催眠中需要改善的问题去改善即可。

紧张、恐惧情绪会导致一系列的问题，但从另一面讲，适当的紧张焦虑情绪也能让我们保持警觉，甚至在需要的时候让我们发挥得更好，成为推动我们进步的力量。因此催眠提倡的并不是时时刻刻放松，甚至松懈。我们提倡的是张弛有度、有弹性的生活。我们能够接受并且运用自己的本能反应帮助我们更好地生活。

第九讲

基于心理学的公开讲话技术

在本书前面的部分我用了大量的篇幅介绍心理学知识，分享催眠方法。当你把这些方法内化成自己的一部分，就可以抛开所有的方法，因为你自己本身就是稳定的。

本书的最后一讲我会介绍一些实用的技巧，这些技巧就像大树上面开出来的花朵，它不影响树干的稳定，却能让这棵大树绚烂多彩。

一、“没话找话”与“沉默”的能力

一位找我解决社交问题的来访者对我说：“我看他们一大桌人聊得挺高兴的，但我就是不知道该跟他们聊什么，总觉

得插不上嘴，心里就更紧张了，还有一种被孤立的感觉。”

“不知道说什么好”，这是很多不擅长社交人的内心困惑。那么首先就让我们来谈谈在公开场合社交与讲话时的内容。语言作为人类主要沟通的形式，谈话内容则是交流的基本载体。经常有人说“我们有共同语言”或“我们没什么共同语言”，这指的便是谈话内容。多数人认为有共同语言的前提下，两个人会更好地沟通。

在我的咨询个案中，学生是特别喜欢寻找共同语言的群体，他们的共同语言通常以学习、个人爱好为主，很多学生会以共同爱好形成他们的社交群体。随着年龄的增长，步入社会后，无论见识的广度和深度都会日益丰富起来，这会让我们面对不同的人寻找到更多的“共同话题”。这里所说的共同话题不一定是你发自内心喜欢的话题，也包括在社交场合能做到“没话找话”的话题。

我个人参加社会活动时会遇到各行各业的人士，有的互相之间并不是那么熟悉。记得有一次活动结束，我正好和坐在我旁边的一位男士同路回家。这位男士比我大十多岁，自己开了一家律师事务所。一路上他为了和我找共同话题，一直在聊做饭和教育孩子，这确实避免了我们一路同行的尴尬。其实做饭和教育孩子并不是我喜欢的话题，但在那种情况下，话题内容已显得不那么重要，反而是在一路不停的交流中，我们彼此产生了愿意和对方交流的意愿，无形中也增加了友情。

我有时候也会参加一些英文聚会，通常会有很多西方人，我发现大家用英文交流的时候更喜欢“没话找话”，虽然不同国家的文化不同，西方人似乎更善于此道。但究其更深层次的心理原因，在于非母语的语言会比母语语言更具有防御作用。心理学中有一个词叫作防御机制，是指我们为了保护内心而采用的措施。布莱克曼曾经写过一本书叫作《101 种防御机制》，他认为我们生存在这个世界所做的大多数行为都出于防御机制，用以保护我们内心不完全暴露在外部环境中。他认为语言可以成为一种重要的防御机制。也就是说，我们的语言除了沟通交流，让人与人更亲密之外，还有另外一种相反的作用，就是作为一种防御机制让人与人之间“有一些东西挡着”，而避免体验过分暴露的感觉。这听起来可能有些不好理解，但你可以试想一下，如果你在不那么熟的人面前长时间沉默，是否会有一种很尴尬的感觉？这时候我们就会没话找话，没话找话就带出了防御的色彩。我们的母语因为和我们自身潜意识已经融为一体，因此会暴露更多的自我感情和内心动向，当我们说第二语言的时候会感觉更具隔离作用。

了解到这一心理特点，我们现在就可以做一个锻炼心理品质的练习：沉默。

心理学认为一个人忍受沉默的能力是核心的心理品质之一。如果你能允许自己在不熟悉的人面前沉默、在群体面前沉默，并且内心毫不慌张，说明你已经在慢慢远离社交恐惧和焦虑。

曾经有一位著名的心理咨询师，在数十次咨询中仍然不能卸下咨询者的语言防御。为了打破他的防御，咨询师在一个小时的咨询中用了 45 分钟的沉默，我们可以想象，在一个小时的付费咨询中，能主动地进行 45 分钟的沉默，这个心理咨询师的内心承受力是多么强大。那次治疗之后，这位心理咨询师和咨询者的关系有了突飞猛进的提高。

沉默有时候确实如我们担心的那样会引起对方的情绪。

记得前些年我打顺风车的时候，由于我习惯上车休息冥想，下车之后竟然收到了司机的差评，评论是我没有礼貌。很显然这位司机把我的沉默归于没礼貌，他内心的潜台词是我沉默，是因为我不想要和他交流，于是伤了他的自尊心。很多不能允许自己沉默的人，内心也会如此解读沉默，认为不和对方说话就显得自己不友善，不想和对方打交道。

说到这里你可能会想，那么我练习沉默还有什么意义呢？我在社交场合如果沉默会不会引起对方的反感？我在公开讲话时沉默会不会让人觉得我忘词儿了？

这里就涉及谈话的节奏问题。适当的沉默可以制造谈话中张弛有度的节奏，可以给予自己和对方思考的时间。我们可以反过来想，如果在社交聚会中你碰到一个人说话滔滔不绝，根本让你插不上嘴，你会怎么想？如果你在公开讲座上，讲座的人一直持续不断地在说话，丝毫没有停歇或者关注到你是否在听，你有什么样的体验？当我说到这两个场景的时候，或许你已经有所感觉，在你的过往经验中可能真的碰到过这样的情况。不能允许自己沉默，也是社交恐惧焦虑的一种表现。

一位社交恐惧者告诉我，他在社交讲话中非常急迫地想要把准备好的台词马上都讲完，感觉讲完之后就完成任务了，于是越说越快，连呼吸都不顺畅了，结果经常卡壳或信息过载导致头脑死机。他内心也隐藏着对全能感与绝对完美的渴望，即我不用做任何停顿与思考也能把这场发言流畅地讲下来，听众的反应我也不用做任何思考就能快速应答。在之前的内容中，我们已经了解到全能感与绝对完美是自恋的表现。我们讲话的人也好，听众也好，都是普通的人，要在平等的基础上进行互动与交流。我给他讲清楚心理学的道理之后，让他做催眠的呼吸练习以及沉默练习，得到了很大的改善。

现在我就来告诉你沉默练习如何进行。

【行动练习】

1. 第一次练习时找一位对你而言最容易的练习对象。

这位练习对象可以是相处时你内心相对比较放松的人，不会对你造成实际影响的人，他不会认为你的沉默表示对他不满。

2. 先从你能接受的短时间练习开始，如一两分钟，甚至

30 秒，自己去感觉能接受的时间。

3. 尽量不要提前告诉他你在做沉默练习。

4. 分多次、多天反复练习，直到你可以忍受面对这种沉默的状态，之后便可以提高目标，换另一位难度高一些的人或延长时间。

5. 当你觉得自己这方面能力有所提高后，就可以慢慢带入到社交场合与公开讲话中，或者你无须刻意做，已经有所改变。

在社交中，搞清楚场合、对方和自己内心的感觉是很重要的。这里不光包括一些培训班教我们的说话技巧，更包括群体潜意识和个体潜意识。如果你学习了对应场合的谈话技巧仍然运用得很生硬，那是因为你仍停留在技巧等意识层面，还没有搞清楚潜意识层面内涵。

潜意识这个词之前已经和大家解释过，具体运用到社交中，群体潜意识是指当你公开讲话时，听你讲话的一群人有什么共同的内心动向。比如他们此时此刻的情绪如何？内心渴望什么？当然这里也包括对你的印象是什么。个体潜意识则是指其中一个人的内心动向是什么。

如果面对一群人讲话或讲座，我们率先需要搞清楚的是群体潜意识。如果这群人里有你的领导或对于你来说的重要人物，那我们也要重点搞清楚这个人的个体潜意识。

沉默也好，其他语言方式也好，都是在我们弄清群体潜意识与个体潜意识之上展开的。我们任何时候都有权选择沉默，沉默是因为自己具备沉默能力，是因为当时的场合适合沉默，是因为我们了解对方可以接受沉默，或自己此时此刻需要沉默，而不是因为讨厌对方导致的“攻击性沉默”。

二、公开讲话的内容把控

上一个话题我们谈到了两个听起来截然相反的情况：没话找话与沉默。观察生活，其实经常会有“没话找话”的话题内容。比如大家都知道的“今天天气不错”，北方人喜欢问的“吃了吗？”“吃的什么？”等。然而，这种话题通常适合放松情况下闲聊，如果你在商务聚会只聊这些话题，容易让人觉得乏味。毕竟我们在社交场合也希望能够展示自己的核心价值、思想深度等。在公开场合发言、讲座更需要有一定的主题和方向。在这样的场合，我们应该怎么安排谈话内容才能流畅表达，并且更好地处理随机情况呢？让我来以我的个人经验结合心理学谈一谈。

如同前文所说，公开讲话包括在公众面前的演讲，大会、小会中的发言，也包括一些商务社交场合中的谈话。我个人作为一名心理学老师，一年中大大小小的讲座非常多，其中包括给国企、私企的心理学培训，给学生、老师、校领导的讲座，心理学峰会上的演讲和圆桌会议等，有十多人的小沙龙，也有上万人的大课堂。谈到讲话内容，在这些发言之前如同大多数人，我内心也会先有一个方向和框架，一些正式的讲座我也会提前准备好 PPT，PPT 上的文字则是我讲话内容的大纲，也是对我自己的提示。

我也有过因为话题过于熟悉，无须提前准备的情况。结果有一次录影的时候，因为长达四个小时，并且除了思考讲话内容之外，还要注意自己的仪态、摄像机的机位、摄像机背后随时出现的提示板等，录到最后的时刻，我忽然感觉自己“断片儿”了，前面讲的是什么好像忽然就想不起来。这就是我们俗话说的自己把自己给讲晕了的情况。

不只是我，很多人在公开讲话时都出现过这种情况。出现这种情况是什么原因呢？在正式演讲中，我们意识层面会不断地去组织语言和逻辑，时间越长、越正式的讲话，我们的意识层面越要把握整体的架构。就像内心有一篇文章，这篇文章的主题是什么？每一部分的主题是什么？它们之间的联系是什么？……这些逻辑关系与主要内容我们都会烂熟于心，在讲话时意识层面会不断地调度我们的逻辑思维，让我们谈话不偏离大方向。

所谓自己把自己讲晕，是说我的语言已经开始不合逻辑，我的头脑层面已搭不上我的逻辑关系和主要内容。出现这种情况可能因为需要注意的外界信息太多（机位、仪态、提示板等），再加上时间较长，造成信息过载的情况。信息过载这个词我在《我是催眠师》中详细讲过，大意是指大脑接收的信息过多，出现了无法承受的情况，于是就会像计算机死机一样。这时候我们就会出现头脑一片空白或者其他应激反应。有很多公开讲话紧张的人也经常出现信息过载情况，那是因为内心过于紧张而破坏了意识层面的功能，这时候过载的信息可能不仅是外界输入的信息，更多的是内在的情绪信息。

即使是心态还不错的我也会在公开讲话中出现死机的情

况，因此在那次录影之后，我还是会提前准备大纲，把大纲中的简单提示写在 PPT 或一张纸上。谈到这里，我想起一个笑话。有一次我准备 PPT 之后心情轻松，于是发了个朋友圈，朋友圈的图片便是我准备好的其中一张 PPT。结果我朋友圈下面朋友们的留言是："管老师，你的 PPT 好简洁！"我发朋友圈的重点本来不是展示我的 PPT，但他们的留言却把我逗笑了。我做的 PPT 确实每一张都是一个大白背景，上面加了几个简单的字而已。就像我刚才所说，我对要讲的知识已经烂熟于心，PPT 的内容只是我给自己做一个顺序上的提示。或许由于职业要求的不同，公开讲话对 PPT 这些科技支持会更看重一些，但要搞清楚，讲座想要传达给听众的到底是什么。就像我的心理学讲座，大家更想我分享一些心理学知识，而不是展示我做 PPT 的技术，PPT 过于复杂反而会喧宾夺主。

不擅长公开讲话或公开讲话紧张的人容易犯的另一个极端的错误，就是提前准备工作过多。就像我前文所说，公开讲话困难的人在大型讲话之前会准备逐字稿，也就是把要讲的内容逐字逐句地写下来甚至背下来。这不由让我想到了小学生在老师面前背课文的状态，此举不但会让讲话的人更紧张，更容易出现信息过载导致的紧张，而且也让逐字稿束缚了你自己，反而和听众失去了交流。就像我之前所谈到的，当你想和一个人交流的时候，你要从一个人的世界变成两个人的世界，这句话的意思就是你要了解对方。讲座也是一样，我们首先要了解听众想要听的是什么，要避免自己由于焦虑紧张而在没必要的地方做复杂的工作。喧宾夺主地做繁杂的PPT也好，把自己讲的内容逐字逐句地背下来也好，大多时候都是没有必要的。我们的语言以及我们通过语言加载的内容，主要作用就是交流。即使是再大型的讲座，你的目的是让听众听得进去、有所收获，而不是为完成任务或让人觉得你很厉害。

上面我谈到的是正式场合的讲座和公开讲话，需要我们提前在内心准备好讲话框架。而在一些其他的社交场合或公开发言的时候，我们可能没办法提前准备，但这种场合又不能没话找话或完全保持沉默，我们应该怎样组织话题内容呢？

其实说到底，话题内容包括两部分：了解对方，表达自己。

先谈谈关于了解对方。此时此刻我们可以静静地想一想，当你想要了解一件事、了解一个人的时候，你会怎么做？当然是默默地观察、倾听，而不是心里想着“我该怎么说”，或者只顾着自己心里打草稿，根本没注意到对方在干什么。

遇到不懂的问题，恰当地提问也是了解对方的一个好办法。大家对我的评价都是非常善于社交。其实我并不是善于社交，而是我对于人和事本身带着很强的好奇心，因此当别人在谈论我不知道的领域时，或者表达他的思想时，我就会不断地去问一些问题，通过答案来了解我不知道的事情。这时候如果你总是想“问一些问题是不是会显得好傻？”，那么你可能仍然潜在着对自己全能完美的追求。我们每个人一定有不擅长的领域，或者说比起我们擅长的领域，我们不擅长的领域要更多。恰当地提问会让对方感觉你对他有好奇心，这就是良好交流的开始。

再说如何表达自己。当你开始提问的时候，其实已经是表达自己的一部分。当对方问到你个人的观点体验，那就是你表达自己的好机会。特别是在一些会议上，我们经常会随机性地发言，发表一些自己的看法。“彩虹屁”是一种稳妥的表达方式，我们在心理学中甚至会有专门的赞美练习。如果我们从内心真正看到一些积极的、闪光发亮的东西，那么“彩虹屁”就不能称之为虚伪，相反，久而久之会让我们的心态变得更积极起来。发现事情积极面不代表颠倒黑白，把不好的东西说成好的，而是能从整体中找到闪光点。

我在《我是催眠师》一书中曾经谈到过言语催眠，我们来看其中的一个例子，同样一件事的不同表达：

第一种："你的方案我不同意，太离谱了！听听我的。"

第二种："你刚才提出的方案一定花了很多心思，非常有创意。只是有一点我不太确定，我们针对这一点商量一下。"

第二种说话方式相比第一种的不同就是，说话的人首先肯定了对方的闪光点。也许这件事情本身完成得并不好，但背后的努力或思考也是值得肯定的。在公开讲话和社交中，我们更需要找到这些积极的东西。

关于刚才所讲的催眠暗示的技巧还有很多，大家如果有兴趣可以看《我是催眠师》和《简易催眠术》，或者关注我公开讲话的课程。

权力感

最后我要来谈谈权力感这个词。这是我们在人际交往中心里能感受到，但却很少把它拿出来说的事情。

竞争与合作是任何动物族群都存在的现象，这种优胜劣汰以及族群保护的方法，正是自然界生生不息的法则，人类也是一样，有竞争就会慢慢衍生出权力。在工作中我们能够很明显地感觉到权力感的存在，但事实上任何关系中都存在权力感。比如我们经常说的在家里“谁说了算”，恋爱中“谁能拿得住谁”等，都带出了权力感的味道。

具体到我们的社交与公开讲话中，我之前讲的自我经验，我每次在大型讲座前只会制作一些简单的 PPT。我们品一品，里面就涉及权力感的问题。

大家期待听到的是专业有用的心理学知识，这便是我的核心价值。反过来说，我的核心价值并不在做好 PPT 上。我们每个人都有自己的核心价值，才会被邀请进行讲座或分享，因此你要清楚自己的核心价值是什么。核心价值是你有而其他人没有，或你比其他人优秀的地方，这无疑增加了你的竞争力，因此就会在群体中获得相应的权力感。核心价值越高，你的竞争力与别人潜意识对你赋予的权力感就越强，这是一种心理上的尊重甚至崇拜带来的权力感，与傲慢的态度无关。这种核心价值的拥有会让你对自己产生较强的认同感，产生在某一领域的自信，并对其他领域的不足不过于敏感，自卑。

当然，我们也难免会遇到一些挑战权力感的人，那么你需要了解，这是他自己内心的自卑，而不是你的问题。

【管玲结语】

不管和公开讲话相关的心理体验也好，具体技巧也好，其实还有很多话可以说。比如：从心理学角度解读言谈举止是否得体？从心理体验上讲，话题分为哪些层次？人的心理感受与说话的时间点和时长的关系等，都是可以帮助我们提高社交与公开讲话能力的。

本书篇幅有限，有公开讲话和社交问题的朋友们可以通过公众号“管玲心理氧吧”找到我，进行面对面进行心理咨询，让我帮助你达成心中所想。

参考文献

[英]约瑟夫·桑德勒:《弗洛伊德的〈论自恋:一篇导论〉》,北京,化学工业出版社,2018。

[美]海因茨·科胡特:《自体的分析》,北京,世界图书出版公司,2012。

[英]唐纳德·温尼科特:《婴儿与母亲》,北京,北京大学医学出版社,2016。

[德]马丁·布伯:《我与你》,北京,商务印书馆,2015。

曾奇峰:《你不知道的自己》,太原,希望出版社,2006。